환경에 적응하는

지구인의 비밀

환경에 적응하는

지구인의 비밀

초판 2쇄 발행일 2024년 10월 11일
초판 1쇄 발행일 2023년 4월 20일

지은이 이대택
펴낸이 이원중

펴낸곳 지성사 출판등록일 1993년 12월 9일 등록번호 제10-916호
주소 (03458) 서울시 은평구 진흥로 68, 2층
전화 (02) 335-5494 팩스 (02) 335-5496
홈페이지 www.jisungsa.co.kr 이메일 jisungsa@hanmail.net

ISBN 978-89-7889-530-9 (43470)

청소년을 위한 과학 읽기

환경에 적응하는

지구인의 비밀

이대택 지음

지성사

이 책을 쓰기 전에, 쓰면서, 쓴 다음에 한 생각

과학의 특징이자 매력은 눈앞에서 벌어지는 현상을 해석하고 설명할 수 있게 해 준다는 것이다. 왜 감기에 걸리는지, 왜 높은 산에 오르면 기진맥진해지는지 과학으로 설명할 수 있다. 이 설명은 그것 말고는 다르게 설명할 수 없게 한다. 결국은 설명을 통해 정답에 다다를 수 있다는 말이다. 감기에 걸리는 이유는 몇몇 바이러스에 감염되기 때문이고, 높은 산에서 비실대는 이유는 산소가 모자란 것 때문이다. 이 답 말고 다른 답은 없다. 지금부터 그리 멀지 않았던 한때 우리는 이렇게 설명할 수 없었기에 하늘에 빌어보기도 했고, 산에는 신이 살았다고 믿었다.

과학이 주는 두 번째 매력은 인간의 문명 중 다른 어떤 것도 할 수 없는 것으로 바로 강력한 예측력을 가진다는 것이다. 우리는 일상에서 자주 과학의 예측력을 만난다. 약이 대표적이다. 진통제가 그러하고 해열제가 그러하다. 우리가 먹은 약은 우리 몸의 어딘가로 정확하게 도달해서 정확하게 어느 정도의 시간 동안 효과를 발휘한다. 정말 거의 예외 없이 그렇게 작동한다. 과학은 풀이로 답을 구하는 것을 넘어 실제로 원하는 결과를 기대할 수 있게 한다.

인류에게 과학의 역사는 매우 짧다. 그런데도 과학은 현재를 살아가는 우리에게 막대한 영향을 미치면서 우리를 지배한다. 주위를 한번 돌아보자. 어느 하나 과학 아닌 것이 없다. 컴퓨터, 전기, 아까 먹은 과자, 내 신발… 우리를 둘러싼 모든 것이 과학으로 탄생했고, 사용되고 있다. 이젠 없으면 안 되는 것들 모두가 과학의 산물인 셈이다.

이 책은 인간의 몸을 이야기한다. 특히 지구에서 살아왔고 살아가는 인간의 이야기다. 더 좁히자면 지구라는 행성에서 인간의 몸은 왜 이렇게 생겨야 했는지를, 사실 선택이 아닌 필수일 수밖에 없음을 이야기한다. 인간이 지구가 아닌 다른 곳에서 살았다면 현재의 모습과 능력이 아니라는 말을 하고픈 것이다. 상상이 아닌 과학적 사고와 사실로써 말이다. 한마디로 지구의 환경이 인간의 모습과 육체적 능력을 지배했다고 결론 내고 있다.

지구라는 환경은 인간이 진화하는 이유였다. 우리 몸의 크기나 모양도 지구의 영향이고, 우리가 어떤 음식을 주로 먹는지도 지구 환경이 이유였다. 우리가 다른 포유류에 비해 털도 없고 땀을 많이 흘리는 이유도 그렇다. 그래서 인간의 몸은 진화의 기록이고 화석이라고 할 수 있다. 진화의 역사에서 인간의 적응력은 놀랍기만 하다. 뭐, 지구에서 살아가는 생명체 중에 인간만 그러하겠냐마는 인간의 적응력과 그 적응력의 유연성은 우리가 아는 것보다 훨씬 더 뛰어나다. 인간의 적응력에 의문은 금물이다. 아직도 밝혀지지 않은 인간의 지구 적응 능력은 더 많을 수도 있다.

최근 환경에 대한 인간의 적응 능력은 새로운 시험문제를 받아들였다. 문제는 두 가지다. 하나는 지구 환경 그 자체이고, 다른 하나는 인간이 만든 환경이다. 전자는 지구온난화 또는 기후변화다. 후자는 인간이 만든 환경, 그러니까 자연이 고전적으로 제공하지 않았던 만들어진 환경이다. 도시와 우리가 생활하는 공간이 그러하고, 편의점에서 사 먹는 간편한 도시락이 새롭게 만들어진 환경들이다. 공해도 마찬가지다. 밤새 환하게 살아가는 것도 그렇다. 현재 인간은 어렵고 치명적이었던 지구 환경으로부터 조금 자유스러워졌으나, 새롭게 만들어진 환경에 다시 적응해야 하는 과제를 받은 것이다.

지금까지 과학자에게 요구된 것과 달리, 이제 과학자는 인간이 만든 환경에 인간이 어떻게 적응하는지를 답하려고 노력한다. 과학의 매력이 그러하듯이, 과연 우리는 우리가 만든 인공환경에서 우리의 모습과 기능이 어떻게 진화할지 예측할 수 있을까? 또는 우리가 만든 환경을 조종하여, 우리의 모습과 기능을 의도적으로 바꿀 수 있을까? 무엇을 상상하든 인간의 적응에 대한 답은 여러분과 나 개인의 몫일 것이다.

이 책은 1998년 간행된 나의 첫 책 『인간은 환경에 어떻게 적응하는가』에 이은, 말하자면 환경생리학의 두 번째 책이다. 첫 책에서 그야말로 자연환경에 적응하는 인간을 이야기했다면, 25년 만에 다시 쓰는 이 책은 자연과 인공환경에서 인간이 어떻게 적응하는지로 그 내용을 확장하였다. 이 책을 시작하면서 굳이 많은 정보를 나열하는 백과사전을 만들고자 하지 않았다. 훨씬 양질의 정보들이 사방에 널려 있고, 원한다면 어디서든 찾을 수 있기 때문이다. 그 대신 이 책을 읽는 독자가 인간 적응력의 유연성에 대한 상상을 키우고, 우리가 적응할 대상 환경이 자연뿐 아니라 인공환경까지로 크고 넓어졌음을 알려 주고 싶었다. 인간이 건강하고 행복하려면 과연 어떠한 환경이어야 하는지를 같이 고민하는 시간이기를 바랐다.

지구가 더워지고 더럽혀진다고 많은 사람이 걱정한다. 나도 그런 사람 중의 하나다. 그렇지만 자연이든 인공이든 새롭게 펼쳐지는 환경에 인간은 여전히 적응하고 진화할 수 있다는 믿음을 버리지 않고 있다. 다만 적응에는 시간이 필요하고, 그러기에 급변하는 환경이 걱정스러울 뿐이다.

오늘도 우리 인간은 부단히 역동적으로 진화한다. 무엇을 먹고 어떻게 움직이느냐가 우리의 능력을 결정한다. 오늘 하루는 내일의 나로 진화하는 바탕이 된다. 여기에 환경 또한 그 몫을 요구한다. 환경이 우리의 건강을 보장하는 중요한 요인이라는 것을 잊어서는 안 된다. 그리고 우리는 우리 몸의 유연한 적응력을 믿어야 한다.

이대택

덧붙임:

다시 느끼는 25년 만의 기쁨이다. 오늘, 이 시간, 무언가에 홀린 듯한 감격에 벅차오른다. 지성사 식구들에게 감사드리고 싶다.

차례

03
중력

04
시간

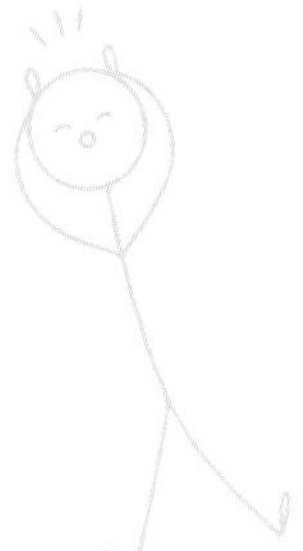

05
음식

06
도시

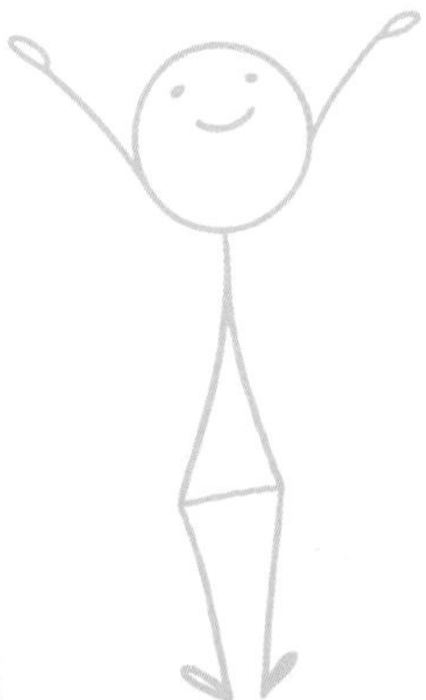

01

온도

“

지구인의 체온은 섭씨 1도 안에서 오르내린다.
적절한 온도에서 세포는 생명을 유지한다.
지구인은 더위와 추위에 어떻게 체온을 유지할까?
지구인은 더위와 추위에 적응할 수 있을까?

”

병원에서는 왜 체온을 잴까?

병원에 가면 의사가 묻는다. "열이 있나요?" 그리고 열이 있는지 확인하려고 체온을 잰다. 만약 열이 있다면 의사는 주저하지 않고 그에게 무슨 일이 있을 것이라 결론 짓는다. 열이 있으면서 건강할 수는 없기 때문이다. 체온은 의사가 지구인의 건강을 판정하는 매우 간단하면서도 중요한 정보다.

정말 그럴까? 체온이 올랐다는 사실에만 근거해서 내린 의사의 잠정적인 결론은 맞는 것일까? 그렇다. 건강한 지구인은 정상 체온을 절대 벗어날 수 없다. 예외는 없다. 지구인이라면 한 명도 빼놓지 않고 그렇다. 정상적인 체온은 선택이 아닌 필수 사항이기 때문이다. 그래서 정상적 수준이라고 여겨지는 체온은 인종, 성별, 나이, 사는 지역 등과 같은 개인적 특성과 차이에도 영향을 받지 않는다. 지구인의 체온은 지구에서 살아오는 동안 항상 그랬고, 지금까지 변한 적이 없다. 그러니 체온이 정상 범위에서 벗어났다면 그는 분명히 건강하지 않은 상태다.

보통 섭씨 36.5도에서 37.5도 사이를 지구인의 정상 체온으로 간주한다. 체온을 하나의 수치가 아닌 범위로 표현하는 이유는 지구인의 체온이 한 지점에 머물러 있지 않기 때문이다. 필연적으로 지구인의 체온은 대략 섭씨 1도 범위 안에서 오르락내리락하기를 반복한다. 더 정확히 말하면, 건강한 지구인은 정상 범위 안에서 체온을 유지하려고 하므로 당연히 그 범위 안에서 체온이 오르고 내린다. 의사가 체온만으로 지구인의 몸에 이상이 있는지를 판단하는 것이 틀릴 수 없는 이유다.

그렇다면 지구인은 왜 섭씨 36.5도에서 37.5도 사이의 체온을 유지해야만 할까? 답은 간단하다. 지구인이 살아가는 데 가장 적합한 온도이기 때문이다. 더 정확하게는 지구인 몸 안의 세포들이 가장 좋아하는 온도라서 그렇다. 지구인 몸 안의 세포들은 화학적 물질로 이루어져 있고, 세포가 살아가기 위해서는 화학적 작용이 끊임없이 일어난다. 그런데 바로 그 화학적 작용이 가장 안정적으로 진행될 수 있는 온도가 바로 지구인의 정상 체온 범위다. 지구인의 체온은 세포에서 진행되는 화학적 작용이 잘 진행되도록 보장하는 환경 온도인 셈이다.

만약 지구인의 체온이 정상 범위를 벗어난다면 몸 안 세포에서 진행되는 화학적 작용이 둔해지거나 느려지거나 심한 경우 멈출 수도 있다. 죽을 수도 있다는 뜻이다. 그러니 체온만 알아도 현재 몸이 제대로 작동하고 있는지 추정할 수 있다. 감기에 걸려 체온이 오르면 몸이 매우 힘든 상황이라는 것을 어림잡을 수 있다. 체온은 순전히 화학작용을 위해 제공되는 환경이기 때문이다.

지구에는 밤낮이 있다. 계절도 있다. 건조한 사막도 있고 습한 정글도 있다. 체온은 지구인이 생명체로 살아가는 데 매우 중요한 요인이며, 지구인의 몸은 체온을 유지하기 위해 한시도 멈추지 않고 작동한다. 지구인은 자신을 둘러싼 더위와 추위 속에서 어떻게 체온을 유지할 수 있을까? 지구인의 몸 안에는 지구 온도의 변화에 반응하고 적응해 온 조상의 능력이 존재하는 것은 아닐까?

운동으로 체온이 올라도 왜 아프지 않을까?

몸이 아프면 체온을 잰다. 지구인은 약간의 미열도 민감하게 감지한다. 혹시 미열이라도 있다면 대책을 세운다. 병원에 가든 또는 집에 있는 상비약을 먹는다. 그런데 운동장을 뛰거나 더운 날씨에 야외 활동을 하면 지구인은 잠시 후 몸에 열이 올라 덥다는 것을 감지한다. 땀도 난다. 덥다! 그래, 맞아! 덥다!

지구인은 '열이 나는' 아픈 상태뿐만 아니라 운동하거나 더운 여름날에는 몸이 '더워지는' 것을 느낀다. 모두 체온이 오르는 상황이지만, 분명 지구인은 두 경우가 서로 다름을 잘 알고 있다. 전자의 상황에서는 체온계를 꺼내고, 후자의 상황에서는 땀을 식히거나 물을 마신다. 왜 그럴까? 똑같이 체온이 오른 상황인데, 지구인은 왜 다르게 판단하고 다르게 대응할까? 지구인은 두 상황이 서로 다름을 몸으로 알고 있는 것일까?

답을 살피기 전에 먼저 체온을 감지하는 지구인 몸의 기관을 알아볼 필요가 있다. 지구인의 몸에는 체온을 감시하고 관리하는 곳이 있다. 뇌 아래쪽에 있는 시상하부(hypothalamus)라는 작은 부위다. 시상하부는 체온이 정상 범위에 있는지를 감시하는 것은 물론, 체온이 정상 범위를 벗어나면 다시 원위치로 돌아오도록 명령을 내린다. 즉 시상하부는 더우면 땀을 흘리고 추우면 부르르 떠는 것과 같은 지구인 몸의 반응을 관장하고 조절한다. 만약 더울 때 땀을 흘린다면 이는 분명히 시상하부가 그러도록 명령을 내린 것임이 확실하다.

시상하부는 일정한 기준점 또는 비교점(reference point)을 가진다. 체온이 섭씨 36.5도에서 37.5도 사이에서 유지되어야 한다는 기준점이다. 시상하부는 이러한 기준점을 바탕으로 몸 구석구석의 체온을 쉼 없이 확인한다. 그러다 구석구석으로부터 감지한 체온이 기준점에서 멀어지면 시상하부는 즉각 반응한다.

예를 들어 보자. 지구인이 더위에서 활동하면 체온이 올라가기 시작한다. 37.4도! 시상하부는 조금 긴장한다. 체온이 높은 편이기 때문이다. 계속 체온이 슬금슬금 오른다. 지구인은 살짝 덥다고 느낀다. 그리고 눈치채지 못한 사이에 피부가 점점 촉촉해지는 느낌을 받는다. 계속되는 더위 속에서의 활동으로 체온은 빠른 속도로 오른다. 37.8도! 이제 본격적으로 시상하부는 기준점에 맞추어 체온을 낮추는 방법을 동원한다. 이마에 땀이 송골송골 맺힌다.

열이 나는 것과 더위를 느끼는 것은 시상하부가 정상적으로 작동하고 있다는 표시다. '덥다'는 느낌은 시상하부가 매우 건강하게 제 역할을 하고 있음을 알리는 감각이다. 그래서 체온이 오르거나 내리더라도 지구인의 몸은 이를 정상 상황으로 인식하고 무력감이나 고통을 느끼지 않는다. 아프지 않기 때문이고 아프지 않다는 증거다. 단지 추위와 더위로 인해 체온이 떨어지고 올라가는 현상에 몸이 적절하게 대응할 수 있도록 반응하는 것에 불과하다.

그런데 만약 시상하부에 이상이 생기면 어떻게 될까? 어떠한 이유에서 기준점이 변하거나, 시상하부가 기준점에 맞추는 능력을 잃어버리는 상황 말이다. 실제로 시상하부의 기준점이 이동하는 경우가 발생하기도 한다. 예를 들어 지구인이 감기에 걸린 상황이 그렇다. 이때 시상하부의 기준점은 상향 이동한다. 기준점의 상향 이동으로 시상하부는 섭씨 38.5도에서 39.5도를 정상적인 기준점으로 여기고 작동하기 시작한다. 이렇게 감염된 시상하부는 정상 체온이 아닌 기준점에 맞추어 자신의 역할을 충실히 이행하게 된다. 오류가 생긴 것이다. 이때 지구인은 무기력과 고통을 실제 감각으로 느낀다.

열이 나는 것과 더운 것은 분명하게 구분된다. 정상적인 시상하부의 작동 안에서 일정 수준의 체온의 오름과 내림은 그래서 위험하지 않다. 오랜 시간 열심히 운동하거나 여름날에 해변에서 선탠을 하거나 뜨거운 사우나에 들어가는 것이 지구인에게 위험하지 않은 이유다.

지구인이 견딜 수 있는 체온의 범위는 어디까지일까?

지구인의 정상 체온이 섭씨 36.5도에서 37.5도 사이임을 알고 있지만, 과연 항상 이 온도를 유지하고 있는지 의문이 든다. 추위와 더위로 지구인의 신체 일부가 수시로 차가워지거나 뜨거워질 수 있기 때문이다.

실제의 경험을 살펴보자. 겨울철에 지구인의 손가락은 언다. 언 손가락은 움직이기도 쉽지 않고 감각도 무뎌진다. 찬 겨울바람은 입가와 입술을 얼게 한다. 말이 어눌해지기도 한다. 이때 손가락과 입술 온도는 지구인의 정상 체온보다 훨씬 낮다. 그래도 다행인 것은 그 차가움을 견디고 따스한 곳으로 들어가면 언제 그랬냐는 듯 손가락과 입술은 원래의 감각과 기능을 되찾는다.

이번엔 축구 선수를 보자. 전후반 90분 동안 열심히 운동장을 뛰어다녔다면 그의 허벅지 근육 온도는 쉽게 섭씨 41도 이상으로 오를 수 있다. 물론 날씨가 덥다면 더 빠르게 그 온도까지 오를 수도 있다. 더운 날, 마라톤 선수의 체온은 쉽게 섭씨 39도를 넘긴다. 심지어 41도까지 치솟기도 한다. 다행인 것은 축구 선수나 마라토너는 시합을 마친 후 특별한 조치 없이도 체온을 다시 정상 수준으로 되돌린다는 것이다.

이러한 사례를 보면 정상 체온이라고 여겨지는 섭씨 36.5도에서 37.5도는 항상 필수적이지 않을 수도 있겠다는 생각이 든다. 그렇다면 지구인은 왜 정상 체온을 섭씨 36.5도에서 37.5도 사이로 규정한 것일까? 혹시 정상 체온의 범위가 특정한 신체 부위에 한정되는 것은 아닐까? 왜냐하면 체온이 화학 물질의 작동 온도와 일치한다면 신체 부위에 따라 서로 다른 적정 온도가 있을 수도 있기 때문이다. 신체 조직에 따라 서로 다른 화학 물질이 존재하니 말이다.

실제로 섭씨 36.5도에서 37.5도 사이라는 지구인의 정상 체온 범위는 특정 부위에 한정된다. 이 부위들은 지구인의 몸에서 조절 기능을 담당하는 조직과 기관인데, 뇌, 심장, 허파, 간, 콩팥 등이 여기에 속한다. 이 기관들은 주로 자율신경에 의해 움직이는 신체 부위인 동시에 해부 구조상 몸 안쪽에 배치된 부위다. 섭씨 36.5도에서 37.5도 사이는 이 기관들의 세포가 가장 좋아하는 온도다.

이에 반해 지구인의 손과 발을 움직이는 골격근 세포가 견딜 수 있는 체온의 범위는 상대적으로 크다. 앞에서 언 손을 설명했지만, 추위에 손가락 온도는 쉽게 섭씨 10도 이하로 떨어질 수 있다. 물론 이때 손가락이 시린 것은 당연하지만 그렇다고 당장 손가락의 근육 세포나 피부 세포가 죽는 일은 없다. 다시 따뜻한 곳에서 손가락을 녹이면 손가락은 아무 일 없었다는 듯 제 기능을 되찾는다. 그러니 손가락 근육과 피부가 견딜 수 있는 체온의 범위는 몸 안쪽에 있는 장기들에 비하면 훨씬 더 크다.

결국 지구인의 정상 체온이라는 것은 그 신체 부위가 어떠한 화학 물질을 가졌고 어떤 기능을 수행하는가에 따라 다르다. 몸 안쪽 깊은 곳의 온도는 섭씨 36.5도에서 37.5도, 근육은 이보다 폭이 큰 섭씨 35도에서 39도 사이를 오르락내리락한다. 몸의 가장 바깥쪽인 피부는 평소 섭씨 32도에서 36도 사이를 유지하는데, 너무 장시간이 아니라면 아래로는 섭씨 10도, 위로는 섭씨 41도까지 충분히 견딜 수 있다.

최근에 코로나19 팬데믹의 영향으로 지구인은 자주 체온을 재곤 한다. 여전히 많은 지구인이 지구인의 정상 체온은 하나라고 생각하지만, 그렇지 않다. 지구인의 체온은 부위에 따라 다를 수 있고, 다른 것이 정상이다. 신체에서의 위치와 부위에 따라 서로 다른 정상 범위를 갖는다.

지구인은 땀을 가장 많이 흘리는 동물이다!

지구인은 다양한 이유로 땀을 흘린다. 날씨가 더워서 또는 운동하거나 음식을 먹을 때도 땀을 흘린다. 긴장하거나, 아프거나, 때론 거짓말을 할 때도 땀을 흘린다. 땀을 '흘린다'라는 표현은 참으로 정확하다. 흐를 정도로 땀이 많이 나는 현상을 그대로 표현한다. 정말이다. 땀은 흐를 만큼 많이 나오기도 한다. 지구인은 땀을 흘리는 몇 안 되는 동물 중 하나지만, 그 양이나 양상으로 치자면 지구인만큼 많이 땀을 흘리는 동물은 없다. 그것도 월등히 말이다. 그렇다면 지구인은 왜 땀을 흘릴까? 그것도 가장 많이. 땀은 어떠한 이득을 지구인에게 선사했을까?

먼저 땀을 흘리는 이유를 알아보자. 지구인과 같은 포유류는, 더 넓게 항온동물은 지속적으로 몸 안에서 열을 만든다. 열은 '대사 과정'이라고 통칭하는 화학적 과정을 통해 만들어지는

데, 열을 만드는 이유는 세포에 따스한 환경을 조성해 주기 위함이다.

그런데 만들어진 열은 몸 안에 갇히지 않는다. 왜냐하면 몸을 둘러싸고 있는 기온이 일반적으로 체온보다 낮아 열이 쉴 없이 몸 밖으로 빠져나가기 때문이다. 아깝지만 어쩔 수 없다. 그래서 잃어버리는 열의 양만큼 지구인의 몸은 쉬지 않고 계속 열을 만들어야 한다. 체온 유지를 위해 너무 많지도 적지도 않은 딱 알맞은 수준으로 말이다. 결과적으로 지구인은 만드는 열과 빠져나가는 열을 균형 있게 조정해서 정상 체온을 유지한다. 이때 지구인은 춥지도 덥지도 않게 된다.

그런데 몸에서 만들어지는 열이 많아지거나 몸에서 빠져나가는 열이 줄어들면 어떻게 될까? 예를 들어 무더운 여름, 긴 팔에 긴 바지를 입고 운동장을 뛰어다닌다면? 예상은 어렵지 않다. 뛰느라고 몸속에서는 더 많은 열이 만들어지겠고, 팔과 다리를 덮은 옷으로 인해 열은 몸 밖으로 빠져나가지 못하니 지구인의 몸은 누적된 열로 체온이 오를 수밖에 없다.

이때 시상하부는 체온의 오름을 감지한다. 과다하게 체온이 오르는가 싶으면 시상하부는 먼저 피부에 가까운 혈관을 확장해서 혈액이 피부 쪽으로 많이 이동하게 한다. 피부를 통해 열을 빼내기 위해서다. 그런데 이렇게 했는데도 체온이 충분히 내리지 않으면 지구인은 특유의 반응으로 체온을 더 적극적으로 낮춘다. 바로 땀이다. 그러니 땀을 흘리는 이유는 체온을 적극적으로 낮추기 위함이다.

땀은 대부분 물이다. 피부 밖으로 나온 땀은 증발하면서 피부로부터 열을 훔쳐 간다. 지구인의 몸에서 열을 빼앗는 방법 중에 땀의 증발이 가장 효율성이 높다. 실제로 더운 날일수록 땀으로 열을 빼내는 것이 거의 유일한 방법이기도 하다. 지구인의 땀 흘리기와 땀을 통한 체온 낮추기 능력은 지구에 사는 동물 중 가장 독보적이다. 과학자들은 지구인이 다른 유인원에 비해 털이 없는 이유를 여기에서 찾기도 한다.

오래전에 살았던 지구인은 다른 유인원과 같이 털이 많았다고 한다. 그런데 지구 환경의 변화로 지구인의 조상은 정글에서 초원으로 삶의 영역을 넓혔고, 사냥이 먹거리를 확보하는 새로운 방법이 되었다. 초원에서 지구인은 사냥감을 뒤쫓으며 몇 시간, 심지어 며칠 동안 걷고 뛰어야 했다. 인류학자에 의하면, 그리고 실제로 수십 년 전까지만 해도 아프리카의 산(San)족은 지구인의 조상처럼 며칠간의 동물 추적 사냥 방법을 유지했다고 한다.

아프리카 초원의 태양 아래서 며칠간 사냥감을 따라다녔다고 상상해 보자. 지구인은 더위에 걷고 뛰는 동안 체온을 유지해야 했고, 그러기 위해서 가장 효율적인 방법을 택해야 했다. 그것이 바로 물로 몸을 식히는 방법, 그러니까 땀을 흘려 증발시키는 방법으로 귀결되었을 것이다. 동시에 지구인의 조상은 털을 벗어내고 더 많은 땀구멍을 얻게 되었다.

그렇다면 땀 흘리기 능력이 지구인에게 선사한 이득은 무엇일까? 아프리카의 하드자족을 통해서도 알게 된 사실이지만, 지구인의 땀 흘리기를 통한 체온조절 능력은 높은 대사량을 견딜 수 있었다는 것을 의미한다. 한마디로 강한 운동을 오랫동안 버티고 지속할 수 있었다는 말이다. 그리하여 지구인은 비록 다른 동물들에 비해 빠르진 않지만, 지치지 않고 끈질기게 뒤쫓는 능력을 지니게 되었다. 실제로 지구인의 지구력(持久力)은 독보적이다. 그리고 그 지구력은 땀 흘리기라는 체온조절 능력이 있기에 가능한 것이었다.

물의 증발을 이용한 냉각 방식은 체온 유지와 관리에는 효과적이었지만, 단점도 있었다. 땀 흘리기는 몸 안에 있는 물을 고갈시켰다. 탈수였다. 물이 지구인의 생명에 매우 중요한 요소임을 고려하면 몸속의 물을 소비한다는 것은 불리함을 넘어 위험한 일이었다. 결과적으로 지구인은 체온을 유지하는 대신 탈수로 인해 육체적 기능을 떨어뜨릴 수밖에 없었다. 이 이야기는 다음 꼭지에서 설명하도록 하자.

유달리 땀을 많이 흘리는 지구인이 있다. 혹시 병이 아닐까 싶기도 하지만, 보통은 그렇지 않다. 생활에서 불편할 수는 있어도 땀을 많이 흘리는 것이 병일 수는 없다. 땀을 많이 흘리는 것이 병이 되려면 땀을 흘림으로써 병적 현상이 드러나야 한다. 그런데 그렇지 않으니 분명 병은 아니다.

땀을 많이 흘리는 이유가 여럿 있겠지만, 체온조절이라는 관점에서 보면 몸 안에서 만들어지는 열이 많다는 의미일 수 있다. 모든 지구인은 단위 체중당 거의 같은 양의 열을 만들어 낸다. 물론 상대적으로 더 많은 양의 열을 만들어 낼 수 있는 지구인도 있다. 예를 들어 체중은 같지만, 한 지구인은 근육질이고 다른 지구인은 그렇지 않다고 치자. 아마도 근육질의 지구인이 그렇지 않은 지구인에 비해 땀을 더 많이 흘릴 것이다. 그의 근육 세포가 만들어 내는 열이 더 많아서 그렇다.

땀 흘리기는 체온을 낮추는 가장 효율성이 높은 방법이지만 그렇다고 유일한 방법은 아니다. 어쩌면 체형만으로도 열을 몸 밖으로 빼내는 기능이 다를 수 있다. 예를 들어 피부 아래 지방층의 두께가 한몫할 것이다. 피부 아래 지방층이 두껍다면 그렇지 않은 지구인에 비해 땀을 더 많이 흘릴 수 있다. 몸 안에서 만들어진 열이 피부 아래 지방층에 의해 갇히면 열을 빼내기 위한 노력으로 땀을 더 많이 흘리기도 한다. 비슷한 이유로 팔다리나

몸통이 길고 얇다면 땀을 덜 흘릴 수 있다. 이런 체형만으로도 단위 체중당 체표면적이 커져 열이 몸 밖으로 빠져나가는 데 물리적 유리함이 확보되기 때문이다.

땀 흘리기는 지구인이 가진 매우 독특한 능력이다. 그것은 지구인을 지금의 지구인으로 만든 과정이었고 결과다. 그래서 지구인은 모두 땀을 흘릴 수 있고 흘려야 한다. 그 부정적 효과를 감수하고서라도 말이다. 지구인은 서로 다른 이유로 땀을 흘리지만, 땀을 흘린다는 것은 지구인 몸에 기록된 지구에서의 지구인 역사다.

땀을 흘리면 왜 빨리 지칠까?

땀이 체온을 낮추는 데 도움을 준다지만, 땀을 오래 흘리면 지친다. 왜 땀을 흘리면 지칠까? 그리고 왜 땀을 많이 흘릴수록 더 많이 지칠까?

땀 흘리기는 지구인의 중요한 체온조절 기능이다. 그러나 땀을 흘린다는 것은 몸속 수분의 양, 즉 체수분량(total body water)을 줄이는 결과를 가져온다. 땀을 흘리는 것에 비례해 체수분량이 줄어든다는 말이다. 체수분량이 줄어들면 지구인은 그에 비례해 점차 기운을 잃고 처진다. 왜 이렇게 지치는 것일까? 그 이유를 알아보자.

먼저, 체수분량이 줄어들면 지구인 몸의 대사 기능이 방해를 받는다. 대사란 지구인 몸 안에서 벌어지는 모든 화학작용을 말하는데, 이때 꼭 물이 있어야 한다. 그런데 땀의 배출로 몸 안의 물이 줄어들면 대사 능력은 떨어진다. 근육이 힘을 내는 것도 대사 과정 중 하나이니 체수분량이 줄어들면 대사 능력이 떨어지고, 대사 능력이 떨어지면 근육이 힘을 내기 어렵다. 이때 지구인은 '지침'을 느낀다.

땀으로 체수분량이 줄면 비례적으로 혈액의 양도 줄어든다. 혈액은 지구인의 몸에 산소와 영양분을 공급해 주는데, 몸이 운동하고 근육이 힘을 내려면 많은 산소와 영양분이 필요하다. 그런데 체수분량이 줄면 혈액 안에 있던 물의 양도 덩달아 줄어 혈액의 산소와 영양분 공급 능력이 떨어진다. 이때 근육은 힘을 낼 수 없으며, 지구인은 지침을 느끼게 된다. 게다가 수분이 부족한 혈액은 끈끈해져서 흐름이 어려워진다. 설상가상으로 혈액의 흐름이 원활하지 않으니 산소와 영양분의 공급은 더욱 어렵게 된다. 혈액량의 감소와 함께 몸이 빠르게 지치는 이유다.

혈액량이 줄어드니 심장도 연달아 힘들어진다. 심장은 운동에 필요한 혈액을 공급하기 위해 혈액량이 감소하면 더욱 빠르게 박동한다. 상대적으로 적은 양의 혈액으로 근육이 요구하는 산소와 영양분을 공급하기 위해서다. 그러나 체수분량이 정상으로 돌아오지 않으면 심장이 빠르게 박동하더라도 충분한 양의 산소와 영양분이 근육으로 공급되지 못한다. 결국에는 심장도 지치고 근육도 지쳐 버리고 만다.

마지막으로 땀을 계속 흘려 체수분량이 줄어들면 체온의 상승 속도는 점점 더 빨라진다. 땀을 흘린다는 것은 체온이 오르고 있거나 이미 높다는 것을 의미한다. 그런데 체수분량이 줄면 지구인의 몸이 저장할 수 있는 열의 양도 함께 줄어든다. 이는 물의 비열(比熱, 물질 1g의 온도를 1℃ 올리는 데 필요한 열량) 때문이다. 즉 체수분량이 적으면 그만큼 적은 열량으로도 체온을 올릴 수 있게 되어 체온은 점차 빠르게 상승한다. 그러면서 근육의 대사 기능이 떨어지고, 지구인의 몸은 더욱더 지쳐만 간다.

땀이 지구인 진화의 주요한 전략이었고, 땀을 많이 흘림으로써 지구인은 더 오래 지치지 않고 뛸 수 있었다. 그 대신 체수분량을 잃어버리는 위험을 함께 떠안아야 했다. 이러한 위험에 대비하도록 지구인은 '지친다'는 경험을 통해 뜀박질의 전략을 세웠다. 천천히 계속 뛸 것이냐, 아니면 빠르게 뛰고 잠시 쉴 것이냐, 아니면 빠르고 천천히 뛰는 것을 적절히 안배할 것이냐. 그럼으로써 지구인은 체온을 유지하는 동시에 체수분량을 보호하는 방법을 찾았다. 그러니 지친다는 것은 안타까운 일이 아닌 필수적인 기능일 수도 있다.

땀을 흘릴 땐 꼭 물을 마시자!

결국 땀을 흘리면 흘릴수록 빠르게 지친다는 이야긴데, 그렇다면 땀을 흘리고도 지치지 않을 방법은 없을까? 너무 심각하게 생각할 필요 없겠다. 물을 마시면 된다. 땀을 흘리는 만큼 물을 마실 수만 있다면 쉽게 지치지 않고 계속 활동할 수 있다.

그럼 아무 때나 아무렇게나 물을 마시면 될까? 그렇다. 아주 단순히 생각하자면 땀으로 잃어버린 만큼의 물을 그때그때 마시면 된다. 빠진 만큼 보충하는 것이다. 그런데 혹시 물을 마시는 데도 특별한 방법이 있을까? 어떻게 마셔야 하나?

지구인은 체중의 약 50~70퍼센트에 해당하는 체수분량을 보유한다. 만약 체중이 50킬로그램이라면 25~35킬로그램은 물이라는 말이다. 체수분량이 일정한 범위 안에 있어야 지구인은 건강하게 활동할 수 있는데, 과학자들은 체중의 약 2퍼센트를 허용할 수 있는 체수분량의 변화폭이라고 말한다. 그러니까 50킬로그램의 지구인이라면 1킬로그램의 물이 빠지더라도 이를 정상 수준의 체수분량으로 본다는 것이다. 만약 체중 50킬로그램의 이 지구인이 운동이나 더위로 1.5킬로그램의 땀을 흘렸다면 안정적 범위를 벗어나 과다하게 수분이 빠진 상태라고 할 수 있다.

과학자들은 체중의 2퍼센트에 해당하는 체수분량이 고갈되면 지구인의 육체적 능력이 떨어지기 시작한다고 본다. 특히 체수분량의 감소는 지구인의 지구력을 현저하게 줄이고 체온조절 기능을 떨어뜨린다고 한다. 국제적으로 권위 있는 학술 단체나 스포츠 단체들도 체중의 2퍼센트에 해당하는 체수분량을 운동선수 보호와 운동 능력의 저하 방지를 위한 마지노선으로 정한다. 그래서 어떠한 환경에서든 이 기준 이상으로 체수분량이 감소하는 것을 경계하라고 조언한다.

얼마만큼 체수분량이 땀으로 빠져나갔는지 확인하는 방법은 간단하다. 그냥 체중계에 올라 체중을 재면 된다. 간단하지만 가장 정확한 방법이다. 물론 현실적으로 축구를 하다가 체중을 잰다는 것은 불가능하니 현장에서 선호되지는 않는다. 그럼 또 다른 방법은 없을까? 있다! 갈증을 이용하는 것이다.

목마름이라는 감각은 체수분량이 너무 많이 줄어들어 물 보충이 필요하다는 대뇌의 신호다. 이것 역시 시상하부가 감지하고 명령한다. 그런데 목마름이라는 감각에는 단점이 있다. 갈증은 지구인 몸에서 이미 물이 너무 많이 빠져나간 상태를 알려 준다. 불행하게도 갈증은 지구인에게 과다한 탈수를 미리미리 알려 주지는 못한다. 이미 상당히 진행된 탈수 상태만을 알려 줄 뿐이다. 그러니 예방이라는 차원에서 갈증은 그리 좋은 감각 정보는 아니다. 그렇지만 운동 경기 도중에 체중계에 올라갈 생각이 아니라면, 갈증은 지구인이 의존할 수 있는 어쩌면 유일한 방법이기도 하다.

갈증이란 감각이 예방 능력은 부족하다니, 그럼 다른 방법은 없을까? 지금부터 지구인을 위한 의식적인 전략을 소개해 보겠다.

먼저, 땀을 얼마나 흘렸는지와 무관하게 자주 물을 마시는 습관을 들이자. 운동이나 야외 활동 전에 그리고 활동하는 동안에, 또한 활동 후에 물을 마시는 습관이다. 두 번째는 화장실에 얼마나 자주 가는지 살피자. 소변이 마렵지 않다면 지구인의 몸에 물이 없다는 뜻이다. 세 번째는 소변의 색깔을 확인하자. 색깔이 진하면 지구인 몸에 물이 없다는 뜻이다. 정상적인 체수분량이라면 소변은 맑은 노란색을 띨 것이다. 네 번째는 항상 물을 가지고 다니면서 목이 마르지 않더라도 자주 물을 마시자. 어렵지 않다! 목표는 매우 간단하다. 기회가 될 때마다 지구인 몸 안에 수분의 용량을 꽉꽉 채우는 것이다. 혹시 물을 너무 많이 마시면 문제가 되지 않을까 걱정이 되는가? 그럴 필요 없다. 만약 지구인 몸에 물이 넘치도록 많다면 지구인은 바로 화장실에 가게 된다. 마치 저수지에 물이 꽉 차면 물이 넘치는 것처럼 말이다.

더운 여름이나 운동할 때 물 마시기는 필수다. 사실 땀을 많이 흘릴 날씨나 상황에서는 물 마시기를 건강과 안전 유지의 한 방법으로 사용해야 한다. 그래서 물 마시기에 익숙해져야 하고, 활동량이 많은 지구인이라면 물 마시기는 일상이 되어야 한다.

물 마시기에서 꼭 알아야 할 것은, 지구인의 적정 체수분량이 모두 다르고 흘리는 땀의 양도 다르니 개인마다 마시는 양 또한 편차가 크다는 점이다. 그러니 일괄적으로 하루에 어느 정도의 물을 마시라고 하는 것은 합리적이지 못하다. 각자 날마다 흘리는 땀의 양이 다르니 마시는 물의 양도 그때그때 다를 수밖에 없다. 그래서 지구인 스스로 어느 정도 땀을 흘리는지 알고 있어야 한다. 어떻게 자신이 흘리는 땀의 양을 알 수 있냐고? 땀의 양을 측정하고 확인하는 방법은 다음과 같다. 만약 자신이 흘리는 땀의 양을 안다면 마셔야 하는 물의 양도 알게 되니 미리 물을 준비하는 데 도움이 될 것이다.

땀의 양 계산하기

원리

✓ 일정 시간 운동으로 땀을 흘리고 운동 전후에 체중을 잰다. 운동 전후의 체중 변화량은 땀의 양과 동일하다고 가정한다.

체중 측정

❶ 최소한의 옷만 입고 체중을 잰다. _ 운동 전 체중(kg): A

❷ 운동하는 환경의 온도를 잰다. _ D

❸ 운동 또는 신체 활동을 시작하면서 스톱워치를 작동한다.

❹ 충분히 땀을 흘린다.

❺ 운동을 마치면서 스톱워치를 종료한다. _ 운동 시간(분): C

❻ ❶과 같은 복장으로 다시 체중을 잰다. _ 운동 후 체중(kg): B

땀의 양 추정 공식

✓ 추정 땀의 양(g/h)=[(A−B)/C]×60×1000

측정 결과 계산(예)

A=32kg, B=31.6kg, C=35분

땀의 양=[(32−31.6)/35]×60×1000=685.7g/h

결과 분석

✓ 시간당 약 686그램의 땀을 흘린다. 따라서 D와 같은 환경에서 운동할 때 시간당 약 700그램의 물을 마시는 것을 목표로 한다.

스포츠음료가 물보다 좋은가?

지금까지의 설명에서 결국 땀을 흘리면 그만큼의 수분을 섭취해야 한다는 것을 알았다. 자, 이번에는 기능성 음료를 알아볼 차례다. 과연 스포츠음료는 지구인에게 물보다 더 좋을까? 아니면 효과적 측면에서 물보다 못할까? 아니면 물과 비슷할까?

답부터 말하자면, '네'와 '아니오' 둘 모두다. 두 가지 답이 모두 가능한 이유는 상황에 따라 답이 다르기 때문이다. 어떤 때는 효과 측면에서 물과 별반 차이가 없고, 어떤 때는 스포츠음료가 적극적으로 권장된다. 여기서 '어떤 때'란 수분을 보충하는 목적에 따른 상황을 말한다. 그러니 물이냐 스포츠음료냐는, 먼저 왜 이것들을 마시는지 그 이유부터 묻고 답해야 한다. 자, 그럼 먼저 스포츠음료가 어떻게 만들어졌는지부터 알아보자.

스포츠음료는 운동선수를 위한 것이었다. 목표는 운동선수가 지치지 않게 하기 위함이었다. 스포츠음료를 처음 개발한 연구자들은 왜 더운 여름에 선수들이 빨리 지치는지 궁금했다. 그리고 그 이유로 두 가지를 확인하게 되었다. 하나는 너무 많은 양의 땀을 흘려 체수분량이 고갈되었기 때문이었고, 다른 하나는 근육이 힘을 내기 위해 필요한 에너지가 모두 사용되었기 때문이었다.

연구자들은 이 두 가지 요인을 회복시킬 수 있다면 선수들이 지치는 것을 막을 수 있지 않을까 생각했다. 즉 줄어드는 체수분량에 대응해 물을 보충하고, 근육에서 고갈되는 에너지원을 공급하면 선수들이 덜 지치지 않을까 판단한 것이다. 이러한 논리적 상상이 결국 스포츠음료를 만드는 계기가 되었다.

스포츠음료의 목적은 매우 단순하다. 지친 지구인을 돕는 것이다. 지구인의 몸에서 빠져나간 물과 에너지를 보충하는 것이 목적이다. 어떻게? 빠져나간 만큼 물을 마시게 하면서 에너지원, 즉 근육이 힘을 내는 데 즉각적으로 사용할 수 있는 탄수화물을 물에 섞어서 제공하는 것이다. 모든 스포츠음료가 기본적으로 딱 두 가지를 필수적으로 가진 이유다. 물과 탄수화물! 예외는 없다.

실제로 과학자들은 지난 수십 년간 지치지 않고 운동할 수 있도록 하는 방법을 연구했는데, 결과적으로 스포츠음료를 마시는 것이 가장 좋은 방법이라고 한다. 특히 물에 당분 6퍼센트를 녹여 마시는 것이 가장 효율적이라고 한다. 편의점에서 판매되는 모든 스포츠음료의 영양 성분표를 들여다보면 모두 당분 6퍼센트임을 확인할 수 있다. 스포츠음료는 모두 그렇다.

다시 질문으로 돌아가서, 스포츠음료와 물의 차이가 있다면 무엇일까? 먼저 운동 시간에 따른 분석이 필요하다. 운동이 계속되면서 지구인의 몸에서 시간별로 줄어드는 것이 무엇인지 알아보자. 시간이 지남에 따라 무엇이 없어지는지만 알면 시간대별로 무엇을 보충해야 하는지 드러나니까.

먼저 45분 이내의 운동이다. 과하지 않으면서도 충분히 땀이 나고 수분량이 감소할 수 있다. 그러나 이 정도의 운동 시간으로 근육의 에너지원은 쉽사리 고갈되지 않는다. 이때는 물만 마셔도 된다.

이번에는 45분 또는 1시간 이상의 운동이다. 이때는 물과 함께 당분이 공급되어야 한다. 즉 스포츠음료를 마시는 것이 권장된다. 1시간이 넘는 운동에서는 체수분량과 함께 근육이 필요로 하는 탄수화물이 현저하게 감소하기 때문이다. 1시간 이상의 운동이나 야외 활동에서는 스포츠음료가 물보다 효과적인 이유다.

좀 더 긴 활동은 어떨까? 이번에는 2시간 이상의 운동이다.

이때는 당분이 포함된 물과 함께 전해질을 섭취하는 것이 권장된다. 앗! 전해질은 또 뭔가? 전해질은 땀에 포함된 성분이다. 쉽게 말해 소금기다. 지구인의 땀에는 다양한 전해질이 포함되어 있는데, 2시간이 넘게 운동하면 땀으로 과다한 양의 전해질을 잃어버릴 수 있다.

그럼 2시간보다 짧게 운동하면 전해질을 보충하지 않아도 된다는 말인가? 그렇다. 전해질은 땀을 통해 빠져나오지만 2시간 정도까지는 지구인의 몸이 과다하게 전해질을 잃어버리지 않는다. 다행히 모든 스포츠음료에는 약간의 전해질이 포함되어 있다. 그러니 스포츠음료는 1시간 이상 또는 2시간 이상의 운동 모두에서 두루두루 통용될 수 있다.

물론 짧은 시간 동안 운동하고 나서 스포츠음료를 마신다고 문제가 되는 것은 아니다. 그런데 굳이 물만 마셔도 되는 상황에서 비싼 스포츠음료를 마실 이유도 없지 않을까? 하지만 장시간의 운동이나 야외 활동에서 물만으로는 몸이 지치는 것을 막을 수 없으니 이때는 스포츠음료를 마시는 것이 좋을 것이다. 그래서 스포츠음료를 만드는 방법을 알려 주려고 한다. 만들어 보고 맛이 그리 나쁘지 않다 싶으면 비싼 음료를 사서 마실 필요 없을 것이다. 스포츠음료 만들기의 기본은 다음과 같으니, 응용은 자유롭게!

스포츠음료 만들기

준비물

✓ 2리터짜리 페트병, 마실 물, 설탕 90그램(필수 항목)

✓ 소금 조금, 음료 분말 조금(선택 항목)

기본 스포츠음료 만들기

❶ 2리터짜리 페트병을 구한다.

❷ 페트병을 씻은 후 2리터의 마실 물을 채운다.

❸ 페트병에 90그램의 설탕을 넣는다.

❹ 뚜껑을 닫고 흔들어 녹이면 기본 스포츠음료 완성!

고급 스포츠음료 만들기

❶ 기본 스포츠음료를 만든다.

❷ 기호에 따라 약간의 소금 또는 음료 분말(향이나 색깔을 위해서)을 섞는다.

❸ 뚜껑을 닫고 흔들어 섞으면 고급 스포츠음료 완성!

운동 시간의 길이에 따라 음료의 종류가 달라지는 것에 관해 이야기했다. 이번에는 마시는 방법을 알아보자.

첫째, 일상에서 자주 물을 마시도록 한다. 만약 운동이나 야외 활동을 좋아한다면 또는 매우 활동적이라면 물 마시기를 습관화한다. 자주 물을 마시면 몸이 물의 흡수를 훨씬 더 원활하게 하기 때문이다. 둘째, 스포츠음료라면 다양한 맛과 향을 경험하는 것이 좋다. 다양한 맛의 음료를 마실 때 더 많은 수분을 섭취한다고 한다. 하나의 맛과 향만 있는 음료는 금방 질려 충분하게 마시지 못하지만, 다양한 맛과 향을 지닌 음료는 마실 욕구를 키우기 때문이다. 셋째, 어떤 스포츠음료가 자신에게 맞는지 찾아야 한다. 물론 이는 경험을 통해 찾을 수밖에 없다. 무엇을 얼마나 언제 마시는 것도 중요하지만, 물과 당분이 제대로 흡수되어 작용해야 스포츠음료의 진짜 목적이 달성되는 것이니까.

더위 순응도 훈련이다!

지구인이 더위에 대적하는 방법은 땀을 흘리는 것이 전부일까? 혹시 더위에 대응해 지구인의 몸이 효율적으로 변할 수도 있을까? 이번에는 더위 순응(heat acclimatization)에 관해 이야기해 보자.

더위 순응이란 더위에 반복적으로 노출함으로써 더위를 덜 힘들게 느끼는 신체적 상태를 말한다. 지구인이 더위 순응을 하기 위해서는 꼭 여름이거나 더운 지방에 있어야만 하는 것은 아니다. 더위 순응은 날씨나 기후와 상관없이 인위적으로도 가능하다. 따스한 장소에서 규칙적으로 가벼운 운동만 해주어도 더위 순응의 반응을 얻을 수 있다.

특히 운동선수들은 더위 순응을 자주 한다. 국제대회를 앞두고 다른 나라로 시합하러 가는 선수들이 그렇다. 만약 자기 나라가 겨울이고 시합이 있는 나라가 여름이라면 더욱 그렇다. 훈련은 추운 데서 하고 시합은 더운 데서 하려면 기온 변화만으로도 선수들이 빠르게 지칠 수 있으니 말이다. 그래서 선수들은 비행기에 몸을 싣기 전에 미리 더위 순응을 하고 가기도 한다.

더위 순응의 목표는 명확하다. 더위에서 운동했을 때 맞닥뜨리는 신체적 부담을 최소화하는 것이다. 예를 들면 더위에서는 심장의 박동수가 빨라진다. 빨라진 심장 박동수는 몸에 부담을 주는데, 더위에 적응된 몸은 빨라지는 심장 박동수를 떨어뜨린다. 그리고 더위 순응은 체온이 너무 높게 너무 빠르게 오르는 것을 완화하기도 한다. 이렇게 더위 순응은 지구인의 몸을 더위에서 덜 고통스럽고 덜 지치게 해 준다.

지구인의 더위 순응에서 나타날 수 있는 매우 특징적인 변화는 땀을 흘리는 방법의 변화다.

첫째, 더위 순응이 된 신체는 땀을 일찍 흘리기 시작한다. 체온이 많이 오른 다음에 땀을 내기 시작하는 것이 아니라 체온이 오르는 듯하면 바로 땀이 나기 시작한다는 말이다. 체온이 오른 다음에 뒷북치는 것이 아니고 미리 체온이 오르는 것을 막는 전략이다.

둘째, 더위 순응이 된 몸은 땀을 한꺼번에 흘리지 않고 조금씩 필요한 만큼 흘린다. 첫째의 변화처럼 땀을 미리 흘리기 시작하더라도 필요한 만큼만 흘려서 모두 증발할 수 있도록 하는 것이다. 한꺼번에 많은 양의 땀을 흘려서 땀이 증발하지 못하고 바닥에 떨어지는 것을 볼 수 있는데, 이러면 땀이 아깝게 낭비되는 것이 아닌가. 그러니 순응된 몸은 땀을 아끼면서 효율적으로 흘리는 셈이다.

셋째, 땀이 전신에서 골고루 나온다. 더위 순응을 하기 전이라면 신체 표면의 일부에서만 땀이 나온다. 예를 들어 이마, 콧등, 어깨와 목 주위, 겨드랑이 등이다. 그런데 더위 순응을 하면 일정 부위뿐만 아니라 전신의 표면에서 땀이 흐른다. 몸이 냉각될 수 있는 표면적이 넓어지니 열을 내보내는 효율성이 좋아지지 않을 수 없다.

넷째, 흘리는 땀의 총량이 많아진다. 더 많은 땀을 미리미리 천천히 흘리고 오래 흘릴 수 있게끔 한다. 이와 더불어 땀으로 흘릴 수 있는 물의 양을 더 많이 확보하기 위해 몸속 수분의 총량을 늘린다. 이는 지구력이 강한 운동선수에게 잘 나타나는데, 실제로 더위 순응이 잘 된 선수의 혈액량은 보통의 지구인보다 훨씬 많다. 땀을 많이 흘릴 수 있는 조건을 갖춘 것이다.

다섯째, 땀의 성분이 달라진다. 더위 순응 전에는 땀이 매우 짜다가 이후에는 덜 짜게 된다. 싱거워지는 것이다. 쉽게 설명하면, 더위 순응 후 흘린 땀에는 매우 적은 양의 소금이 들어 있다. 순응 후 땀은 흘리지만, 소금을 여전히 몸 안에 남겨 놓는 것이다. 그리하여 신체는 더 강하고 빠르게 목마름을 느끼게 된다. 땀을 흘리되 수분을 더 많이 섭취할 수 있는 신호를 생산하기 위함이다.

방금 운동선수의 체수분량이 보통의 지구인보다 많다고 했는데, 이는 땀을 흘리는 양이 많이 확보되었다는 의미 이상이다. 예를 들어, 체수분량이 많아지면서 물이 가진 비열로 체온을 비교적 안정적으로 유지할 수 있다. 게다가 혈액량이 많으므로 심장 박동수를 낮출 수 있어 심장의 부담도 줄어든다. 땀 흘리는 방식의 변화와 체수분량의 증가는 더위에서 지구인이 느낄 수 있는 고통을 줄여 준다. 이것이 더위 순응의 이득이라면 이득이다.

앞에서 더위 순응이 인위적으로 가능하다고 했다. 어떻게 가능할까? 간단히 말하면 따스한 환경에서 많은 물을 마시면서 운동하면 된다. 운동만으로도 더위 순응이 가능하고, 사우나에 들어가 버티기만 해도 더위 순응의 효과는 미약하나마 볼 수 있다. 그러나 더위에서 운동하는 것보다 빠르고 확실한 더위 순응 방법은 없다.

더위 순응이 되었다는 것을 어떻게 알 수 있을까? 먼저 더위 순응 전과 후를 비교하면, 더위 순응 후 같은 조건의 더위에서 심박수가 상대적으로 느리다. 마찬가지로 더위 순응 후 체온이 더 낮게 유지되기도 한다. 더위 순응은 생각보다 짧은 시간 내에 이룰 수도 있다. 하루에 1~2시간씩 최소한 2주일 동안 실행한다면 더위 순응의 효과를 볼 수 있다.

그렇지만 더위 순응의 정도와 순응에 필요한 시간은 천차만별이다. 어떤 지구인에게서는 앞에서 설명한 신체 기능의 변화가 잘 보이는가 하면, 또 어떤 지구인에게서는 잘 보이지 않는다. 그러나 중요한 것은 더위에서 운동을 반복적으로 하면 결국 지구인의 몸은 어떤 방식으로든 자신을 보호하기 위한 기능을 발달시킨다는 것이다. 더운 아프리카의 초원에서 며칠 동안 동물을 뒤쫓으며 사냥하던 지구인의 조상을 상상해 보면, 지구인이 어떻게 더위 순응 능력을 얻게 되었을지도 상상할 수 있을 것이다.

지구인은 태어나면서부터 추위와 싸울 수 있다!

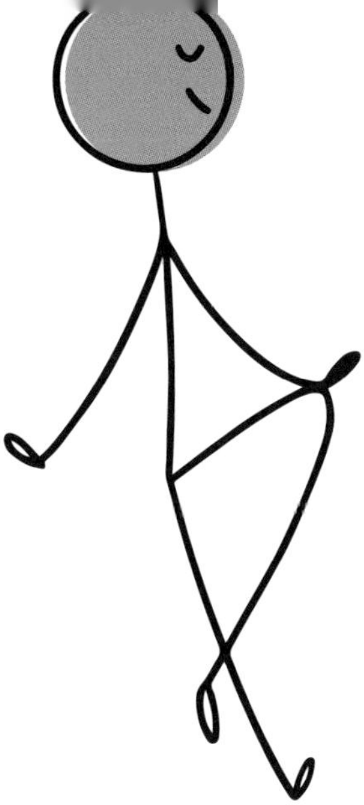

갓 태어난 지구인 아기는 세상과의 첫 만남을 엄청 충격적으로 받아들인다. 찬 공기 때문이다. 섭씨 38도에 이르는 따스한 어머니의 몸 안에서 겨우 20도를 넘는 세상에 갑자기 던져진 느낌이랄까? 한여름 펄펄 끓는 아스팔트 위에 한참 있다가 갑자기 22도의 에어컨 바람 빵빵한 실내로 들어오는 것처럼 아마 아기에게는 엄청나게 차가운 느낌일 것이다.

지구인 아기는 어른처럼 추위에 능동적으로 대처하지 못한다. 체온을 감지하고 조절하는 뇌의 기능이 어른만큼 발달하지 못해서다. 태아의 뇌는 따스한 어머니의 자궁만을 알고 있을 뿐, 한 번도 추위를 경험한 적이 없다. 그래서 갓 태어난 아기는 저체온증에 걸릴 수도 있다. 게다가 지구인은 털이 없다. 왜 아기를 꽁꽁 싸매 따뜻하게 해 주는지 이해할 만하다.

그나마 이런 이야기는 병원에서 태어나는 지금 아기들의 모습이다. 과연 예전 지구인 조상의 아기는 어떻게 추위를 견딜 수 있었을까? 다행히 지구인은 추위에 대응할 능력을 갖추고 태어났다고 한다. 현대의 아기에게도 남아 있는데, 바로 지방세포를 지니고 태어나는 것이다.

지방세포라니? 지구인이 아는 그 지방세포를 말하는 건가? 아니다. 이 지방세포는 비곗덩이와 다른 것이다. 갈색지방조직(brown adipose tissue)이라고 하는 이 지방세포는 '자동 열 생산 조직'으로 모든 신생아에게 있다. 중요한 장기와 혈관 주위에 붙어 있는 갈색지방조직은 열을 만들어 그 부분을 따스하게 유지하는 역할을 한다. 갈색지방조직은 아기 뇌의 체온조절 능력이 성숙해지기 전까지 추위와 맞서 싸울 수 있도록 한다. 지구인 아기뿐만 아니라 모든 포유류의 새끼도 갈색지방조직을 가지고 태어난다. 그런데 아기가 성장하면서 차츰 피부 아래 지방층이 두껍게 쌓이고 뇌의 체온조절 기능이 발달하면, 그리고 간이나 기타 장기들이 열을 생산할 수 있게 되면 갈색지방조직은 차차 녹아 사라진다. 어른이 되면 이 갈색지방조직은 거의 없어진다.

지구인에게 추위는 살아가는 데 가장 위험한 환경 중 하나였다. 그래서 지구인은 갈색지방조직 외에도 다양한 추위 대응 능력을 갖추어야 했다. 그 기능들은 지금도 지구인에게 남아 있다. 과학자들은 이러한 능력을 지구인이 지구에서 살아왔던 방식의 기록이라고 설명한다. 오늘날 지구인은 따스한 방한복으로 겨울을 나지만, 혹독한 추위를 견디며 살아야만 했던 지구인 조상들은 그렇지 못했다

손가락의 온도 반응 또한 지구인에게 남아 있는 추위 반응 중 하나다. 이 반응이 독특한 이유는 추위에 손가락이 꽁꽁 얼었다가 갑자기 따스해지는 현상이 나타나기 때문이다. 손가락이나 발가락, 귓불, 코 등 지구인 몸에서 돌출된 부위는 추위를 느끼면 체온을 빼앗기지 않으려고 혈관을 닫고 혈액이 지나가지 않게 한다. 그사이 돌출 부위에는 산소가 공급되지 않아 동상에 걸릴 위험이 커진다. 딜레마다. 체온 보존을 위해 돌출 부위가 동상에 걸리게 둘 것인가, 아니면 체온을 잃는 한이 있어도 돌출 부위를 살릴 것인가?

이때 순간적으로 지구인의 몸은 돌출 부위에 분포한 혈관을 연다. 손가락을 예로 들면, 혈액이 공급되면서 손가락이 따스해진다. 그러다 손가락이 어느 정도 따스해졌다 싶으면 다시 손가락으로 향하는 혈관을 닫아 혈액 공급을 차단한다. 다시 손가락은 언다. 이렇게 손가락은 추위에 얼었다 녹았다를 반복한다. 이 반복적 차가워짐과 따스해짐이 추위에서 일어나는 손가락 반응의 전모다. 이 현상을 과학자들은 '추위 유발성 혈관 확장(cold induced vasodilation)'이라고 한다.

지구인에게 있는 또 다른 추위 반응은 '서맥 반사(cold induced bradycardia)'다. 풀이하면, 추위에 의해 반사적으로 심박수가 느려진다는 뜻이다. 실제로 찬 바람이 얼굴에 닿으면 순간 심박수가 느려진다. 갈색지방조직이나 추위 유발성 혈관 확장과는 다르게 서맥 반사는 당장의 추위에서 실용성이 있어 보이지 않는다. 오히려 추위에 대한 지구인의 예비적 생리 현상으로 보인다. 예를 들어 추위를 감지하는 순간 심박수를 줄임으로써 신진대사율을 낮추고, 궁극적으로는 에너지를 아껴 혹시 모를 장기적인 추위와의 싸움에 대비한다는 것으로 풀이된다.

추위에 손가락이 얼었던 경험이 있을 것이다. 잠시 쉬는 동안 따스한 어묵 국물이라도 먹게 되면 자신도 모르는 사이에 손가락이 녹는다. 그렇다. 지구인의 몸은 따스해지면 여분의 열이 있음을 눈치채고 얼었던 손가락으로 열을 보낸다. 지구인의 몸에 기록되어 있는 진화의 추위 반응이다.

추우면 왜 떨까?

겨울에 썰매장이나 스키장에서 그리고 여름에 수영장이나 계곡에서 지구인은 자주 떤다. 일교차가 심한 봄가을에는 스산한 바람에 몸을 떤다. 떠는 것은 일부러 시작하거나 멈출 수 없다. 몸이 알아서 한다. 지구인은 왜 떠는 것일까?

지구인은 항온동물이기 때문에 떤다. 항상 일정한 체온을 유지해야 하기에 체온이 떨어지면 다시 올리려고 떠는 것이다.

떠는 것은 근육이 진동하는 것이고, 근육의 진동으로 열을 내어 그 열로 몸을 데우고자 하는 것이다. 그러니까 떤다는 것은 낮아진 체온을 원래대로 되돌리고자 열을 만드는 몸의 노력으로 이해하면 된다. 그것도 자동으로.

사실 지구인의 '떨기'는 추위로부터 체온을 유지하기 위한 기능 중 마지막 보루다. 지구인의 뇌는 가능하면 떨고 싶어 하지 않는다. 그래서 떨기 전에 다른 체온 보호 방법을 먼저 동원한다. 예를 들어 피부 아래 혈관을 막는 것부터 한다. 이를 혈관 수축(vasoconstriction)이라고 하는데, 피부를 경계로 몸 안의 열기가 바깥으로 빠져나가는 것을 막기 위함이다. 혈관 수축으로 따스한 혈액이 피부로부터 멀어져서 열을 더 쉽게 보존할 수 있다. 추우면 손등이나 팔뚝의 핏줄이 사라지는 이유가 바로 피부 혈관 수축의 결과다.

매서운 추위가 아니라면 피부 혈관 수축은 체온을 유지하는 데 어느 정도 효과적이다. 그런데 피부 혈관 수축에도 불구하고 체온이 계속 떨어지는 강추위라면 지구인의 몸은 또 다른 방법을 동원한다.

이때 지구인의 뇌는 열을 빼앗기지 않으면서 열을 직접 만드는 작업에 들어간다. 이것이 바로 떨기다. 그러니까 피부 혈관 수축이 몸 안의 열을 빼앗기지 않으려는 몸의 수동적인 방어 자세라면, 떨기는 몸 안에서 자체적으로 열을 만들려는 능동적인 행동으로 볼 수 있다. 이렇게 지구인에게는 열 손실을 막는 능력과 열을 생산하는 능력, 두 가지가 다 있다.

떨기는 열을 만들지만, 몇 가지 원치 않는 비효율성도 보인다. 첫째, 조절이 불가능하다. 떨기는 반사 작용이고 비의도적이다. 떨고자 할 때 떨고 멈추고자 할 때 멈출 수 없다. 그러니 정교하기보다는 무차별적이다. 둘째, 만드는 열에 비해 에너지 소비가 과다하다. 비효율적이란 말이고 그래서 지구인의 몸이 가능하면 추위에서 떨기를 원하지 않는 이유다. 셋째, 떨기가 열을 만들기는 하지만, 반대로 떨기 때문에 더 많은 열을 잃어버린다. 따라서 두 번째와 세 번째 이유로 떨기는 매우 비효율적인 체온 관리 전략이다. 특히 찬물에서 더욱 그렇다.

물속에 가만히 있으면 피부와 물 사이에 얇은 열 층이 생긴다. 이 층은 물과 피부 사이에 단열층으로 작용하여 피부에서 열이 빠르게 빠져나가는 것을 막는다. 떨기는 근육이 움직이는 것이고, 이로써 피부 또한 덩달아 진동한다. 피부가 진동하면 피부와 물 사이의 열 층도 흔들리고, 이 흔들림은 열 층을 깨트린다. 그러면 피부로부터의 열 손실 속도가 빨라진다. 떨기는 열을 만들지만, 물속에서의 떨기는 열을 더 많이 빠르게 잃는 경로로 뒤바뀐다. 역설이 아닐 수 없다.

추위에 떨지 않는 것이 가장 좋을 방법일 수 있다. 추위에 대응해서 철저하게 준비하면 떨 이유가 없다. 그렇지만 떨어야만 하는 상황에서 떤다는 것은 매우 바람직하고 정상적인 현상이다. 추위에 떤다는 것은 몸이 지구인을 지키고 있다는 증거이기 때문이다. 누가 먼저 떨고 덜 떨고 많이 떨고는 아무런 문제가 되지 않는다.

떨기는 지구인이 체온을 유지하면서 살기 위한 원초적인 반응이고 모든 지구인이 하는 것이지만, 또 저마다 다르게 그 기능을 구사하기 때문이다. 마치 모든 지구인의 얼굴이 다르게 생긴 것처럼 말이다.

해녀는 찬 겨울 바다에서도 물질한다!

삶과 직업적 이유로 물속에 들어가는 지구인은 많다. 맨몸으로 들어가기도 하고 장비를 착용하고 들어가기도 한다. 그중 지구의 가장 높은 위도에서 맨몸으로 물속에 들어가는 지구인이 있다. 해녀다. 지구에서 가장 높은 위도란 가장 차가운 수온을 의미한다. 맨몸이란 찬물에서 체온을 지켜 줄 방법을 사용하지 않는다는 말이다. 그리고 삶이란 매일매일 이루어짐을 의미한다. 종합하면, 가장 추운 바다에서 체온을 보호받지 못하고 매일 물에 들어가는 지구인이 바로 한국의 해녀다.

지금부터 하얀 면옷을 입고 물질하던 해녀 이야기를 해 볼까 한다. 요즘에야 까만 잠수복을 입고 물질하지만, 약 50년 전까지만 해도 해녀들은 지금의 잠수복을 입지 않았다. 면옷만 입었다. 면옷이라니? 면으로 된 티셔츠와 바지만 입고 찬물에 매일

들어갔다고 생각하면 된다. 면옷을 입고 찬물에 매일 들어갔다고 상상해 보자. 해녀들은 부득불 찬물에 적응해야만 했다. 그래서 해녀는 과학계에서도 매우 잘 알려진, 찬물에 적응한 유일한 지구인이다.

해녀는 대략 6미터 깊이로 잠수한다. 한 번 잠수하면 30초 내외로 물속에 머문다. 물 위로 나오면 다시 30초 정도 숨을 고른다. 그리고 다시 잠수한다. 1시간 정도 물질한다고 하면 약 60번을 반복하는 셈이다. 해녀는 계절 없이 물질한다. 여름에는 1시간 정도씩 오전 오후 두 번 물질한다. 또는 한 번 물질에 2시간을 하기도 한다. 겨울에는 아무래도 물이 더 차가우니 한 번 물질에 그치고, 시간도 15분 정도로 짧다.

해녀의 찬물 적응 방식에는 다른 어느 지구인에게서도 나타나지 않는 특징이 있다. 과학자들은 찬물에서 동물이 버틸 수 있는 최고의 방법은 피부 바로 아래 지방층이 두꺼워야 하는 것으로 알았다. 고래에게 두꺼운 지방층이 있는 것처럼 말이다. 피부 아래 지방층이 두꺼울수록 단열에 효과가 뛰어나기 때문이다. 그러니 해녀가 찬물에서 버틸 수 있는 능력이 혹시 두꺼운 지방층에 있지는 않을까 생각했다. 알고 보니 해녀의 지방층 두께는 나이가 같으면서 해녀가 아닌 지구인과 다르지 않았다. 그렇다면 해녀는 어떻게 그 찬물을 견디는 것일까?

가장 특징적인 해녀의 찬물 적응 방식은 지방층 외에 다른 단열층을 만들어 전체적으로 단열층의 두께를 늘리는 것이었다. 어떻게? 지방층 바로 아래에 있는 근육의 바깥쪽 일부를 또 다른 단열층으로 만들어서 말이다. 혈관을 수축해 찬물에서 근육의 바깥면으로 공급되는 혈액을 차단하는 방식이었다. 이렇게 지방층과 근육 단열층이 동시에 두께를 형성하여 열 손실을 막은 것이다. 실제 이러한 작용은 물개와 같이 바다에서 오래 산 포유류에게만 보이는 생리적 현상이었다.

또 하나의 적응 방식은 따스하게 데워진 동맥 혈액이 말초로 내려갈 때, 말초에서 열을 잃고 돌아오는 차가워진 정맥 혈액에 열을 전달하는 것이었다. 동맥의 열을 말초에서 잃어버리기보다 차라리 돌아오는 정맥에 옮겨 줌으로써 열을 몸 안에 가두는 방식이었다. 이 또한 추위에 적응한 포유류에게만 보이는 현상이다. 해녀는 동물의 추위 적응 방식으로 체온을 보존한 것이다.

해녀에 대한 또 다른 궁금증은 추위에 어떻게 체중을 유지할 수 있는지였다. 찬물에서 그 긴 시간 동안 매일 물질을 하면 에너지 소비량이 적지 않으므로 체중이 빠지는 것이 정상일 텐데 말이다. 답은 상당한 열량을 섭취하는 데 있었다. 해녀는 소비한 만큼 보충했다.

해녀의 추위 반응은 놀랍기 그지없다. 해녀는 바닷물 온도와 관계없이 입안 온도 섭씨 34도, 직장 온도 섭씨 34.8도에서 무조건 물질을 멈추고 물 밖으로 나온다. 당연히 누구도 들어가라거나 나오라거나 한 적이 없음에도 말이다. 물론 해녀가 체온을 측정하면서 물질하는 것도 아니었다. 물에서 나온 해녀는 해변에서 불을 지펴 몸을 데우고 다시 물질하기도 했다. 이때 체온은 직장 온도가 섭씨 37도 또는 그 이상이 되어야 비로소 바다에 들어갔다고 한다. 역시 체온을 재지 않았고, 누구의 명령도 없었다. 해녀가 물질하는 시간과 빈도는 수온에 따라 달랐다. 그러나 물질에서 나오고 다시 들어가는 것은 절대적으로 체온에 기반했다고 한다. 매우 정확했고, 여전히 신기한 사실이었다.

해녀의 이러한 추위 적응 능력은 이제 더는 존재하지 않는다고 한다. 찬물에서 피부 아래 근육층에 단열층을 만드는 능력도, 동맥과 정맥이 서로 열을 교환하는 능력도 모두 사라졌다고 한다. 이 능력들이 사라지기 시작한 것은 잠수복(wet suit)을 입고서부터라고 한다.

해녀 말고도 지구인의 추위 적응 사례는 또 있다. 오스트레일리아 내륙 사막에 살던 원주민과 북극의 원주민이다. 그들의 적응 방식은 해녀의 적응 방식과 또 다르다. 오스트레일리아 원주민은 추위에 대응해 체온을 낮추는 전략을 썼다. 신체 내부 기관의 온도가 살짝 떨어져도 체온을 올리기 위한 작동을 하지 않는 적응이다. 다른 지구인이라면 이럴 때 바로 체온을 올리려는 작동이 시작되는 것에 비해서 말이다. 북극의 원주민은 대사열을 더 만드는 방식을 사용했다. 추우면 추운 만큼 대사율을 높여 더 많이 열을 만드는 전략이었다. 이제 그들에게는 예전의 조상에게 있던 능력이 모두 사라지고 없다고 한다.

오스트레일리아나 북극의 원주민에게 관찰되었던 추위 적응과 해녀의 추위 적응은 분명히 다르다. 어떤 방법이 더 효율적인지 평가하기 어렵고, 평가할 이유도 없다. 다만 이러한 방법들은 지구인에게 다양한 추위 적응 방법이 존재함을 알려 준다.

해녀는 여전히 지구에서 독보적인 존재다. 제주 해녀는 2016년에 '유네스코 인류 무형 문화유산'으로 지정되기도 했다. 물론 해녀의 생리적 기능뿐만 아니라 다양한 문화적 소산의 결과일 것이다. 해녀는 제주에만 있지 않다. 부산은 물론이고 동해안 위까지 분포한다. 대단한 지구인이다.

체온을 낮추면 지구력이 좋아진다!

흔히 지구인은 본격적으로 운동하기 전에 준비운동부터 한다. 운동 전에 몸을 가볍게 움직이면 몸이 부드러워지는 느낌을 받는다. 준비운동이 부상의 위험을 줄여 준다니 잊지 말고 해야겠다.

그런데 준비운동은커녕 체온을 낮추고 운동을 시작한다면 어떨까? 실제로 체온을 낮추고 운동을 시작하는 선수가 있다면? 몸을 차갑게 하면 근육이 굳고 힘을 내기 어렵지는 않을까? 부상의 위험이 커지지 않을까? 정말 체온을 낮추는 지구인이 있을까? 그렇다면 익히 알고 있는 준비운동의 효과나 필요성은 어떻게 이해해야 할까?

지구인에게 추위는 언제나 대처하고 극복해야 할 대상이었다. 추위에 생명을 빼앗기기도 했다. 그러나 재미있게도 현대 과학은 추위를 극복해야 하는 대상이자 이용할 수 있는 대상으로 바라보기도 한다. 추위를 이용해 지구인의 육체적 능력을 향상할 수 있다고 전제하면서 말이다. 어떻게? 바로 냉각(cooling)이다. 물론 냉각의 활용성과 적용성이 한정적이고 앞으로도 꾸준히 더 연구가 진행되어야 하지만, 현재 많은 운동선수가 '냉각'을 이용하는 것을 보면 그 효과성을 전면적으로 의심하기는 힘들어 보인다.

냉각의 효율성에 대한 기본 논리는 지구인이 강한 운동을 하면 체온이 올라간다는 데 있다. 체온이 오르면 지구인의 생리적 기능은 여러 이유와 경로로 둔해지거나 급격하게 떨어지는데, 이때 오르는 체온을 떨어뜨리면 생리적 기능이 다시 원활해질 수 있다는 논리다.

실제로 운동 전에 몸을 냉각하면 지구력이 증가한다는 연구 결과가 많다. 이것이 가능한 이유는 운동 전에 체온을 낮추면 낮춘 만큼 체온이 오르는 데 시간을 더 많이 확보할 수 있다는 것이다. 게다가 체온을 낮추면 그만큼 몸이 담을 수 있는 열의 양이 더 커져서 운동 중에 만들어진 열이 쌓이는 데 시간을 확보할 수 있다.

냉각으로 체온이 미리 내려가면 운동 중에 땀이 나기 시작하는 시간도 지연시킬 수 있다. 그 밖의 여러 가지 이유로 냉각이 실제로 운동선수의 경기력에 효과를 가져온다고 한다. 다만 운동 중에 상승하는 체온이 운동을 더는 할 수 없게 하는 중요한 이유가 되는 종목에서만 이 방법을 사용할 수 있다. 역도나 100미터 달리기, 높이뛰기 등과 같이 경기가 끝날 때까지 체온이 상승하지 않는 종목에서 이 방법은 쓸모가 없을 것이다.

운동선수의 인체 냉각은 운동 전뿐만 아니라 운동 중에도 활용된다. 예를 들어 냉매가 장착된 조끼를 입는 것이다. 또는 축구와 같이 하프타임(전후반이 있는 구기 경기에서, 전반과 후반 사이에 쉬는 시간)이 있는 경기에서는 라커룸에서 얼음물이나 냉각 장비로 체온을 낮출 수도 있다. 냉각은 소방관에게도 사용될 수 있다. 무거운 방화복과 장비를 착용하고 뜨거운 불 속으로 들어가는 소방관에게 냉각 조끼를 입혀 더위와 뜨거움을 조금이라도 덜어 주는 것이다.

보통의 지구인도 일상생활에서 냉각을 사용할 수 있다. 장비도 필요 없다. 사실 새로운 방법도 아니며, 지구인이 꽤 오래전부터 써 왔던 방법이기도 하다. 대표적인 것이 등목이다. 차가운 물이 등에 쏟아질 때의 그 시원함과 냉각 효과는 누구나 잘 알고 있다.

젖지 않고 등목과 비슷한 효과를 얻는 방법도 있다. 예를 들어 천에 얼음을 넣고 돌돌 말아 목도리처럼 목에 대고 냉각하는 것이다. 목 냉각은 매우 효율성이 높은 냉각 방법이다. 목 주위는 뇌로 올라가는 주요한 동맥이 지나가는 데다 이 부위의 혈관들은 수축하지 않으므로 뇌를 금방 차갑게 만들어 주기 때문이다. 따라서 목 냉각만으로도 지구인은 차갑고 시원한 느낌을 바로 받을 수 있다.

02

공기

“

지구인은 산소 없이 살 수 없다.
대기압이 낮아도 또는 높아도 지구인은 위험하다.
그래서 높은 산과 물속에서 지구인은 살기 어렵다.
지구인은 높은 산과 물속에 적응할 수 있을까?

”

높은 산에 오르면 숨이 가쁘다!

"자, 지금부터 숨을 한번 참아 봅시다. 자, 준비! 시이~~작!"

"……."

"그만~~~!"

"얼마나 참았나요? 35초? 40초? 마지막에는 정말 힘들었죠?"

"숨은 왜 참기 힘들까요? 왜 오랫동안 숨을 참지 못하죠?"

그렇다. 지구인 몸에 산소가 부족해진 탓이다. 산소가 부족하면 지구인은 답답함을 느낀다. 그리고 시간이 지날수록 다급하게 다시 숨을 쉬고 싶어한다. 보통 숨을 쉬지 않고 1분 이상 지나면 지구인의 몸은 아주 괴로워진다. 숨을 쉬지 않고 2분 이상 버티기란 정말 어렵다. 산소는 바로바로 지구인의 몸에 공급되어야 할 기체임이 분명하다. 그래서 지구 생명체가 살아가는 데 가장 중요한 요소 하나를 꼽으라면 단연코 산소를 꼽는다.

지구인은 일상에서 숨 쉬는 데 아무런 문제를 못 느낀다. 숨을 쉬고 있다는 것도 인식하지 못한다. 왜냐하면 공기는 지구인 주위에 항상 존재하며, 지구인은 별다른 부담과 노력 없이 충분한 산소를 얻고 있기 때문이다. 지구인은 숨을 멈출 때만 산소의 모자람을 느낀다. 그런데 숨을 멈추지 않고도 답답함을 느끼는 곳이 지구상에 한 군데 있다. 바로 높은 산, 고지다.

높은 산 하면 흔히 아시아의 티베트고원이나 히말라야산맥, 남아메리카의 안데스산맥을 연상한다. 평균 4,000~5,000미터 이상의 고봉이 즐비한 곳이다. 히말라야산맥에는 지구에서 가장 높은 봉우리가 있다. 게다가 만년설로 뒤덮여 경치까지 환상적이다. 높은 산은 지구인이 범접할 수 없는 특별한 환경에 있다. 산소가 희박한 환경이다.

지구인은 평소 산소의 모자람을 모른다. 충분한 산소를 호흡하고 있으니 말이다. 그런데 만약 높은 산에 오른다면 상황은 달라진다. 산에 오를수록 공기의 압력이 낮아져서 공기 중에 있는 산소의 양 또한 감소한다. 그러니 높은 산에서는 산소의 모자람을 느끼고 호흡이 가빠진다.

간략히 숫자로 계산해 보자. 지금 지구인이 해수면 높이에서 한 번에 호흡하는 공기 중에 20개의 산소가 있다고 가정하자. 그리고 20개의 산소를 보통의 필요량, 이때의 기압을 '1'이라고 해 보자. 만약 높은 산에 올랐는데, 그곳의 기압이 0.5라면 압력은 반으로 줄어든 셈이 된다. 그럼 이 산 높이에서 호흡하는 공기에 포함된 산소는 몇 개일까? 그렇다. 지구인의 호흡으로 몸 안에 유입되는 산소의 개수는 10개다. 절반밖에 되지 않는다.

평소에 한 번의 호흡으로 20개의 산소를 마셨던 지구인은 10개의 산소밖에 없으니 어떻게든 20개를 확보하려고 노력한다. 이때 지구인은 두 배로 숨을 더 쉰다. 호흡량을 늘리는 것이다. 높은 산에 오르면 지구인은 이렇게 된다. 숨을 더 가쁘게 쉬어서 몸이 필요로 하는 산소의 양을 충당하려고 한다. 실제로 해발 약 6,000미터 이상인 고지의 기압은 보통의 한국 도시들과 비교하면 거의 절반 수준이다.

기압의 감소와 그에 따른 산소량의 감소는 지구인을 쉽게 궁지에 몰아넣는다. 만약 누군가 해발 8,848미터인 에베레스트산 꼭대기에 올랐다면, 그는 한국과 비교했을 때 기압이 약 35퍼센트 이하에 불과한 곳에 오른 것이다. 아마도 그는 몇 분 내에 질식사하고 말 것이다. 아무리 숨을 빨리 쉬려 해도 몸이 요구하는 양의 산소를 충분하게 몸 안으로 들일 수 없기 때문이다.

높은 산은 천천히 올라야 한다!

갑자기 높은 산에 오르면 지구인의 몸은 산소가 모자라 생명이 위험할 수 있다. 그래서 오랜 경험과 과학적 이유로 산악인들은 높은 산에 오를 때 충분한 시간을 두고 천천히 오른다. 산에 오를수록 낮아지는 기압에 점차 적응하기 위해서다. 여기에 산소호흡기 같은 약간의 문명의 혜택을 이용한다면 지구인은 에베레스트산 정상에서 몇 시간 정도는 머물 수 있다. 과연 높은 산을 천천히 오르면 지구인의 몸에서는 어떠한 변화가 일어날까?

답은 여전히 산소에 있다. 산에 오르는 동안 지구인의 몸은 산소가 적은 환경에서 살아남을 방법을 찾아 생리적 기능을 바꾼다. 지금부터 산에 오르면서 높아지는 고도에 따라 지구인이 어떻게 반응하는지 알아보자.

다시 산소의 개수를 생각해 보자. 지구인은 지금 아무런 문제 없이 한 번의 호흡으로 20개의 산소를 몸 안으로 들이쉬고 있다. 자, 슬슬 올라가 보자.

여기는 1,500미터다. 어떤가? 괜찮은가? 그렇다. 여전히 지구인은 편안하게 충분한 산소를 얻고 있을 것이다. 보통의 지구인이라면 이 높이에서는 별다른 느낌이 없을 것이다. 혹시 산소에 민감한 지구인이 아니라면 말이다. 가끔 누군가는 심장의 박동과 호흡의 빈도가 조금 증가할 수도 있다. 그렇다고 큰 문제가 있지는 않을 것이다. 그럼 더 올라가 보자.

여기는 2,500미터다. 어떤가? 혹시 숨이 살짝 가쁘거나 가슴이 답답한 듯 심장이 뛰는 느낌이 있나? 어쩌면 무엇인지 정확하게 콕 집어 말하기 어려울 수도 있다. 만약 고지에 민감한 누군가 여기까지 갑자기 올라왔다면 두통이나 메스꺼움 같은 가벼운 고산병 증상을 겪을 수도 있다. 여기까지 올라온 지구인은 평소보다 힘들었을 것이다. 몸에서 힘이 빠지고 정신 집중이 안 될 수도 있다.

자, 여기서 일주일 정도 쉬었다 가자. 산소가 모자란 고지에서 며칠간 쉬면 그동안 산소 부족을 느낀 지구인의 몸은 산소를 더 얻기 위한 생리적 작동을 진행한다. 가장 대표적인 생리적 적응 현상은 혈액 안 헤모글로빈의 양을 늘리는 것이다. 헤모글로빈은 산소를 전문적으로 운반하는 단백질이다. 헤모글로빈을 많이 만든다는 것은 더 많은 산소를 혈액이 확보할 수 있게 되었다는 뜻이다.

또 다른 변화도 있다. 심박수와 호흡수가 증가하는 것이다. 조금 빨라진 심박수와 약간 가쁜 숨은 더 많은 산소를 운반하려는 몸의 노력이다. 헤모글로빈의 증가로 산소를 더 확보하고 심장과 허파가 더 많은 산소를 운반하니, 지구인의 몸은 산소를 더 많이 이용할 수 있게 된다. 심하게 고산병에 시달리는 지구인이 아니라면 대부분은 이러한 생리적 기능 변화와 적응으로 고지에서의 산소 부족에 대응한다.

일주일 쉬면서 어느 정도 몸 상태가 괜찮아졌으니, 이제 좀 더 올라가 보자. 어느덧 3,500미터다. 모두 힘들어한다. 여기서부터는 주의 깊게 서로를 관찰해야 한다. 잠시 머물렀다가 빠르게 내려가도록 하자. 지구인은 2,500미터에서 일주일 적응하는 동안 몸의 기능이 변화했음을 느낀다. 그 변화는 산소를 더 많이 확보하고 공급하기 위함이었다. 그런데 이 변화들이 오히려 몸에 부담이 될 줄 몰랐다. 산소를 더 공급하려는 몸의 노력으로 모세혈관들이 터질 수 있기 때문이다. 뇌와 폐에서 말이다. 모세혈관이 터지는 대표적인 고산 증세는 뇌부종과 폐부종이다.

혹시 여기서 누가 10미터라도 한번 뛰어 보면 어떨까? 만약 뛴다면 해수면 고도에서 느끼지 못한 숨 몰아쉬기를 경험하게 될 것이다. 숨이 쉽게 가라앉지도 않는다. 심장은 계속 빠르게 뛴다. 모두 산소 공급의 문제에서 비롯되는 현상이다. 비록 높은 곳에서 몸이 일주일간 적응했다손 치더라도 잠시의 고통을 줄여줄 뿐 여전히 충분한 산소를 공급할 수 있는 몸은 아니다. 자, 빨리 내려가야겠다.

힘들었다고 너무 걱정할 필요는 없다. 높은 산에 도전하는 산악인이 아니라면 말이다. 게다가 한국은 이 정도의 높은 산이 없다. 남한에서 가장 높은 산은 제주도의 한라산인데 해발 1,947미터다. 그다음으로 높은 산은 지리산으로 해발 1,915미터다. 고산병 증세를 경험할 일은 거의 없다. 물론 개인별로 차이가 있어 어떤 지구인은 3,000미터에서도 거뜬하고 어떤 지구인은 1,500미터에서도 약간 어지럼증을 느낀다.

높은 산에 장사 없다. 약하게 보이는 지구인이 고산 증세를 느끼지 않을 수도 있고, 근육질의 지구인이 비실거릴 수도 있다. 고산 증세는 나이, 성별, 체력 등과 무관하다. 불굴의 의지도 산소 부족 앞에서는 무력하다. 과학자들은 낮은 고도의 산에서는 지구인마다 차이가 있을 수 있지만 해발 3,500미터 이상 오르면 예외 없이 크든 작든 고산 증세를 경험한다고 말한다. 고지 환경과 관련한 많은 연구가 진행되었음에도 불구하고 누가 높은 산에서 더 잘 견디거나 잘 적응할 수 있는지를 판단할 방법은 여전히 찾지 못했다. 다만 오를수록 누구도 견딜 수 없다는 것은 확실하다.

높은 산에 오르는 가장 좋은 방법은 자신의 상태에 맞춰 오르는 것이다. 그리고 천천히 적응하면서 오르는 것이 가장 안전하다. 혹시 고산병 증세가 나타난다면 바로 내려와야 한다. 이 모두 현대 과학과 정보와 경험이 말하는 것들이다.

히말라야와 안데스에는 특별한 지구인이 산다!

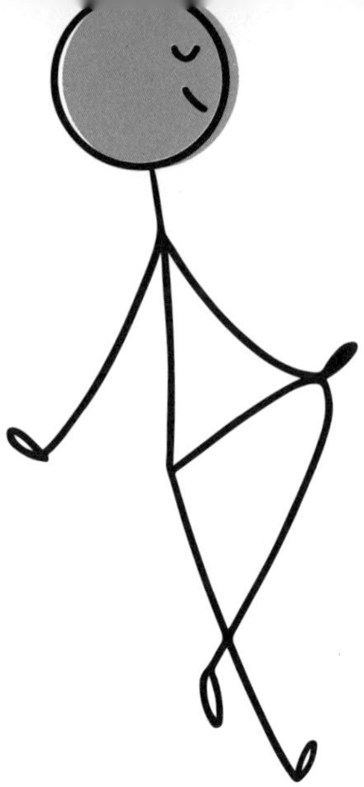

지구인은 산소 없이 살 수 없다. 웬만한 더위와 추위는 견뎌도 고지에서 살 수 없는 이유다. 그러기에 높은 산은 지구인이 지상에서 거주할 수 없는 유일한 공간이다. 그런데 이를 전혀 개의치 않고 사는 지구인이 있으니, 바로 히말라야와 안데스에서 사는 원주민이다. 그들은 어떤 능력을 갖췄기에 그 높은 곳에서 아무런 문제 없이 살아왔고, 살 수 있을까?

티베트와 히말라야의 산지 마을은 대개 해발 2,000미터 넘는 곳에 있다. 해발 4,000미터보다 더 높이 있는 마을도 많다. 그곳에서 원주민은 약 5만 년 전부터 살았을 것으로 추정된다. 외부와 단절되어 대대손손 살아가는 마을이 대부분이다. 안데스도 마찬가지다. 해발 3,000미터가 넘는 도시와 마을이 즐비하다. 거기서도 원주민은 약 1만 년 전후로부터 살기 시작했다. 최근에 과학자들은 유전자 분석을 통해 산소가 희박한 곳에서 그들이 살 수 있었던 이유를 밝히고 있다.

먼저 산에 올라 일주일간 적응할 때 어떠한 일들이 몸속에서 일어났는지 기억해 보자. 헤모글로빈의 양과 호흡량 그리고 심박수가 증가했었다. 모두 산소를 더 많이 확보하고 공급하기 위함이었다. 과학자들은 이러한 생리적 기능 변화가 히말라야와 안데스에서 대대로 살아온 원주민에게도 똑같이 나타나는지를 살폈다.

결과는 매우 의외였다. 히말라야와 안데스의 원주민은 보통의 지구인이 적응한 방법을 택하지 않았다. 심지어 두 지역의 원주민은 서로 다른 결과를 보였다.

과학자들은 낮은 곳에 사는 지구인과 고산지대의 원주민을 비교했다. 결과적으로 안데스 원주민은 헤모글로빈의 양이 많았지만, 히말라야 원주민은 낮은 곳에 사는 지구인과 비슷했다. 호흡량은 안데스 원주민이 적게 나타났는데, 히말라야 원주민은 안데스 원주민에 비해 1.5배 많았다. 이 두 고산지대 원주민은 낮은 곳에 사는 지구인보다 허파가 더 컸다. 간단히 정리하면 히말라야와 안데스의 원주민에게는 허파의 크기를 키우고, 헤모글로빈의 양을 늘리거나 호흡량을 높임으로써 더 많은 산소를 공급하는 능력이 있었다.

그렇다면 히말라야 원주민은 왜 헤모글로빈의 양을 늘리지 않았을까? 헤모글로빈이 더 많은 산소를 확보할 수 있음에도 불구하고 말이다. 사실 헤모글로빈이 증가하면 일시적으로 산소를 더 많이 확보할 수 있지만, 중장기적으로 고산병 발생과 혈액 응고의 위험이 커지기도 한다. 호흡량이 많아지는 것도 문제다. 반복해서 빠르고 강하게 하는 호흡은 폐에 물이 차는 폐수종에 걸릴 위험성을 높인다. 결국 앞에서 언급한 일주일간의 적응 방식은 장기적 방법이 될 수 없다.

히말라야 원주민에게는 또 다른 특징이 있다. 고지에서의 임신과 출산은 산모와 태아 모두에게 매우 위험하다. 왜냐하면 자궁에 있는 태아에게 충분한 산소 공급이 어렵기 때문이다. 그런데 히말라야 원주민은 문제없이 임신하고 출산할 수 있다. 과학자들은 어떻게 이것이 가능한지 다음과 같이 설명한다. 히말라야 원주민은 큰 허파로 더 많은 피가 순환할 수 있도록 하고, 자궁을 둘러싼 혈관을 크게 확장해서 자궁에 더 많은 혈액이 공급되도록 한다는 것이다. 이는 저지대에서 태어나고 자란 지구인에게는 없는 능력이다.

그렇다면 뭔가 답이 명확해지는 듯하다. 지구인이 고지에 적응하는 생리적 방법은 일시적으로 산소 공급을 높여 줄 수 있지만, 시간이 지날수록 신체에 다른 위험 요인으로 작용할 수 있다.

그래서 고지 원주민은 적응의 위험성을 낮추면서 산소의 양을 최대한 얻고 공급할 수 있는 다른 방법을 택했다는 것이다. 아울러 후대를 잇는 방법에도 문제가 없도록 적응했다는 것이다.

지구촌의 두 고산지대에서 대대로 살아온 원주민의 이러한 능력은 유전적 요인에서 비롯되었다고 한다. 이러한 능력을 고지 적응에서 얻었다기보다 유전적으로 그러한 형질이 있는 지구인만이 수백 세대를 통해 살아남을 수 있었다는 것이다. 이를 과학자들은 자연선택(natural selection)이라고 부른다. 고산지대에 생존하기에 적합한 유전자가 있는 지구인만 생존하고 아이를 낳아 기를 수 있었다는 의미다.

지구에는 이 두 원주민 말고 또 다른 고지 적응 원주민이 있다. 동아프리카 에티오피아 고원에 사는 원주민이다. 그들 역시 고산지대에서 문제없이 살아간다. 그들이 그곳에서 어떻게 오랜 시간 동안 적응하며 살아왔는지는 아직 과학적으로 확실히 밝혀지지 않았지만, 특히 앞의 두 원주민과는 다른 방법으로 적응한 것으로 보인다. 최소한 지구에는 높은 산에서 문제없이 살아가는 세 부류의 원주민이 있다. 셋 모두 서로 다른 적응 방법으로 말이다.

고지에 적응하며 살 수 있는 지구인의 능력이 생리적이든 유전적이든 문화적이든, 중요한 것은 그러한 기능이 지구인에게 있다는 점이다. 신에게만 허락된 줄 알았던 높은 산에서 지구인도 살아갈 수 있다는 것은 이미 증명되었다. 산소 없이는 살 수 없는 지구인이지만, 적은 양의 산소로도 살아갈 수 있다는 사실이 놀라울 뿐이다.

과학이 놀란 지구인의 잠수 능력!

어느 지구인의 경험담이다.

"나는 어렸을 때 깊은 수영장 바닥에 작은 물건을 던져 놓고 다이빙해서 주워오는 놀이를 많이 했다. 사실 처음에는 숨도 찼고 바닥으로 내려가기도 어려웠다. 그런데 재미로 계속하다 보니 나중에는 쉽게 물속으로 들어가 주워 올 수 있었다. 물속에서 눈을 뜨는 것도 그 무렵에 배웠다. 처음에는 눈에 닿는 물이 낯설어서 물안경을 끼었지만, 한 번은 물안경이 벗겨져서 할 수 없이 눈을 떴다. 그때 알았다. 눈을 떠도 문제없다는 것을. 다만 물안경 없이 맨눈으로는 물속이 뿌옇게 보인다는 것도 알게 되었다."

이렇게 지구인이 물속에 대해 호기심을 갖고 도전한 것은 어제오늘의 일이 아니다. 탐험이나 도전, 과학, 산업과 상업 그리고 생계와 삶의 이유로 지구인은 물속에 들어간다. 최근에는 스포츠의 하나로 다이빙 경쟁도 한다. 특히 기계나 장비 없이 맨몸으로 숨을 참고 깊은 바다에 들어갔다 나오기도 한다. '숨 참고 잠수하기(breath hold diving)' 또는 '프리 다이빙(free diving)'이다. 현재까지 프리 다이빙의 기록은 수심 100미터 이상이라고 한다. 그 정도 깊이까지 들어갔다가 나오려면 대략 4분 이상 숨을 참아야 한다고 한다. 대단하다.

100미터 이상의 수심이라면 빌딩으로 치면 약 25층 높이다. 그 깊이를 숨 한 번으로 미끄러져 내려갔다가 천천히 풍선 떠오르듯 다시 수면으로 올라온 것이니 놀랍지 않을 수 없다. 그런데 과학자들이 더 놀랐다고 한다. 왜냐하면 과학적 계산과 논리로 지구인이 들어갈 수 있는 최대 수심은 고작 30미터 정도에 불과하니 말이다.

과학자들이 내놓은 30미터라는 수심의 한계는 무엇보다도 물에 의한 압력 때문이었다. 지상에서의 기압을 '1'이라고 하면, 10미터 깊이마다 1기압씩 증가하니까 수심 30미터에서의 압력은 4기압이 된다. '4'란 기압이 짓누르는 힘은 허파의 공기 공간, 즉 흉강을 완전히 찌그러뜨릴 수 있다고 한다. 허파가 수압에 의해 완전히 찌그러지면 허파의 원래 기능은 사라지는 셈이다. 그렇게 되면 물에서 뜨는 부력이 사라지면서 지구인은 돌덩이처럼 빠르게 물속으로 가라앉을 수도 있다.

과학자들이 본 두 번째 한계는 산소 사용량이었다. 수면에서 내려갔다 올라오는 데 걸리는 시간과 신체적 움직임에 필요한 산소량이 지구인의 몸에 한정적이라는 계산이었다. 이후 많은 도전으로 지구인은 과학적 계산보다 더 많은 능력을 갖추고 있음이 증명되었다. 지구인이 잠수하지 않고 그냥 얼굴만 물에 담그면 12분까지도 숨을 참을 수 있다고 하니 말이다.

세 번째 한계는 지구인이 몸 안에 최대한 적재할 수 있는 산소의 양이 한정되었다는 것이다. 과학자들은 깊은 수심의 잠수(deep diving)를 위해서는 현재 지구인이 할 수 있는 것보다 더 많은 양의 산소를 축적해야 하는데, 지구인은 그러한 능력이 없다고 생각했다.

결국 깊은 수심의 잠수에 성공하려면 더 많은 산소를 몸에 축적하고, 근육이 아주 효율적으로 산소를 사용하며, 깊은 수심의 압력을 견뎌야만 한다. 그런데 과학자들의 예상과 달리 지구인은 이러한 세 가지 한계를 뛰어넘어 예상의 세 배에 달하는 깊이까지 프리 다이빙을 한 것이다.

프리 다이빙은 지구인의 적응력이 과학의 계산을 넘을 수 있다는 것을 증명하는 명쾌한 사례다. 이와 아울러 지구인이 지상에 살면서 물속에서도 적응할 수 있다는 것을 여실히 보여 준다.

지구인도 바다표범처럼 잠수할 수 있다고?

지구인이 물과 전혀 관계없는 동물은 아니다. 지구인에게는 '잠수 반응(diving response)'이라는, 해양 포유류에 있는 기능이 여전히 남아 있기 때문이다. 잠수 반응이란 숨을 멈추고 얼굴을 물속에 담그면 나타나는 현상인데, 지구인이 물속에 들어가면 잠수 반응으로 심박수와 대사속도가 느려지고, 신체 말초 부위의 혈관이 수축하는 반응이 나타난다.

원칙적으로 말초 혈관이 수축한다는 것은 그만큼의 혈액량이 뇌, 심장, 허파 등과 같은 중요한 기관으로 이동한다는 것을 의미한다. 고래나 바다표범 같은 해양 포유류가 잠수할 때 나타나는 현상과 유사하다. 지구인이 잠수 반응을 보이는 이유는 진화 과정에서 생존을 위해 습득한 반사 반응이 남아 있기 때문이다. 그러니 프리 다이빙 훈련은 이런 잠재적 잠수 반응을 다시 끌어내는 것일 뿐만 아니라 확연히 재연하는 것이다.

잠시 해양 포유류의 잠수 능력을 알아보자. 대표적으로 웨들바다표범(Weddell seal)을 소개한다. 웨들바다표범은 수심 500미터 이상을 1시간까지 잠수할 수 있다고 한다. 오랜 시간 깊은 물속을 헤엄쳐야 하니 산소가 한없이 필요함은 자명하다. 포유류가 몸에 산소를 적재할 수 있는 곳은 세 군데다. 허파에 채운 공기, 혈액의 적혈구, 근육의 미오글로빈이다. 그런데 깊은 물속에서 허파는 수압으로 쪼그라드니 허파에 많은 공기를 채우는 것은 무의미하다. 실제로 웨들바다표범의 허파는 몸집에 비하면 매우 작다.

이제 적혈구와 미오글로빈 두 가지가 남았다. 웨들바다표범은 이 두 곳에 많은 산소를 적재한다. 바다표범은 혈액량이 많다. 지구인은 체중의 약 7퍼센트가 혈액량이지만, 바다표범은 체중의 약 20퍼센트가 혈액량이다. 혈액이 많다는 것은 그만큼 적혈구도 많다는 말이다. 근육세포 내에 미오글로빈의 양 또한 매우 많다. 웨들바다표범은 허파가 작은 대신 몸속에 더 많은 산소를 적재할 수 있는 적혈구와 미오글로빈을 갖춘 것이다.

더 놀라운 사실은 잠수하는 바다표범의 적혈구량이 물 밖에 있을 때보다 더 많아진다는 점이다. 잠수한다고 적혈구가 갑자기 많이 만들어질 수 없을 터이니, 분명 어디에 보관되어 있다가 보충된 것이 아닐까? 사실을 알고 보니 비장이 그 역할을 하고 있었다. 비장은 혈액을 여과하고 적혈구를 저장하는 기관인데, 바다표범의 비장은 잠수할 때 수축하면서 그 안에 있던 적혈구가 뿜어져 나온다고 한다. 이로써 혈액 내 적혈구량이 증가하는 것이다. 실제로 바다표범의 비장은 매우 크다.

오랜 시간 바다에 적응한 포유류는 한 번의 숨으로 긴 시간 잠수한다. 산소를 적재하고 효율적으로 활용할 수 있도록 진화한 것이다. 그렇다면 지구인은 어떨까? 지구인도 바다표범과 같은 능력을 발휘할 수 있을까? 지구인에게 잠수 반응이 여전히 남아 있다고 했으니, 또 다른 기능도 있지 않을까? 최근의 연구에 따르면 지구인도 바다표범과 같은 능력이 존재하는 것으로 밝혀졌다. 바로 동남아시아 바다를 떠다니며 살아가는 바자우(Bajau)족의 사례다.

바자우족은 수천 년간 바다를 떠돌며 잠수로 삶을 이어 왔다. 생계 수단이 바다에 있으니 대부분 시간을 바다에서 잠수하며 보낸다. 그들은 수심 70미터까지 잠수하고 숨을 12분까지도 참을 수 있다고 한다. 연구에 의하면 그들의 비장은 땅 위에서 사는 원주민에 비해 50퍼센트 정도 더 크다고 한다. 수중에서 산소를 적재하고 활용할 수 있는 능력이 더 크다는 말이다. 마치 바다표범처럼.

과학자들은 이러한 바자우족의 능력이 훈련에 의한 것인지 아니면 유전적으로 다른지를 알아보았다. 결론적으로 과학자들은 그들의 잠수 능력이 특정 유전자에 의한 것임을 알아냈다. 그 유전자는 보통 지구인보다 더 강력한 잠수 반응을 보이고, 특히 갑상선의 활동에 영향을 미쳐 비장을 크게 만들 수 있었다고 한다. 그 유전자에 의해 바자우족은 물속에서 숨을 멈추고 산소가 모자란 상태에 적응하면서 진화한 것이다.

이번에는 물속에서 보이는 세상 이야기를 해 보자. 지구인은 물속에서 시력을 거의 잃는다. 눈의 각막이 곡선이고, 공기에 대한 눈의 굴절력을 물이라는 매체가 사라지게 하기 때문이다. 게다가 수심이 깊어지면 빛의 양이 줄어들어 지구인은 반사적으로 동공을 확장한다. 더 많은 빛을 받고자 하는 반사 반응이다. 그런데 이 반응에 단점이 있으니, 바로 커진 동공이 물체를 밝게 보여 주지만 그럴수록 초점은 더 희미해진다는 것이다. 지구인의 눈으로 물속에서 무엇을 본다는 것은 원천적으로 불가능한 것처럼 보인다.

그런데 동남아시아의 바다를 떠도는 모켄(Moken)족의 아이들은 다르다고 한다. 그들은 물안경 없이도 물속에서 초점을 잘 맞춘다고 한다. 물속 시력이 보통 지구인의 2배에 달해 마치 물안경을 썼을 때처럼 또렷하게 물속 사물을 볼 수 있다고 한다. 어떻게 이런 능력을 얻게 되었을까? 알고 보니 그들은 보통 지구인의 눈이 물속에서 반응하는 방법을 무시한다고 한다. 모켄족 아이들은 물속에서 동공을 확장하지 않고 수축한다고 한다. 지구인의 눈이 물속에서 작동하는 방식에 역행하는 것이다. 물속에서의 동공 수축 또한 최대한으로 할 수 있다고 한다.

더 흥미로운 연구 결과는, 어떤 지구인은 모켄족 아이들처럼 물속 훈련을 통해 몇 달 만에 물속 물체를 선명하게 볼 수 있게 되었다는 것이다. 이를 두고 과학자들은 지구인이 몸을 어떻게 사용하고 훈련하느냐에 따라 뇌가 적응할 수 있다고 설명한다.

03

중력

“

지구인은 중력을 느끼지 못하면서 산다.
사실 지구인의 모습과 신체 기능은 중력이 결정한 것이다.
지구인은 중력에 어떻게 적응해 왔을까?
만약 중력이 없어진다면 지구인은 어떻게 될까?

”

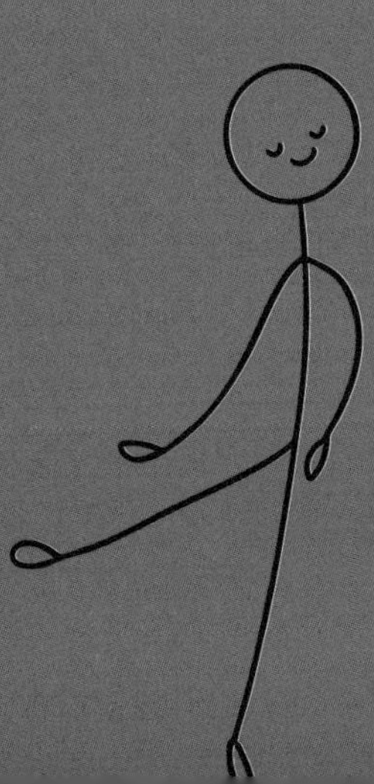

롤러코스터에서 중력을 느끼다!

덜컹덜컹, 끼릉끼릉끼릉. 롤러코스터 열차가 하늘을 향해 천천히 끌려 올라간다. 저 꼭대기, 열차 레일의 마지막을 향해. 파란 하늘을 바탕으로 몇 점의 구름이 긴장감을 더한다. 크르릉 콰아~앙. 꺄악! 순간 저 아래서 쳐다보고 있는 지구인들을 향해 열차가 곤두박질친다. 그것도 잠시, 열차가 위로 솟구치는 듯하더니 이내 바로 왼쪽으로 몸이 쏠린다. 으으윽! 비명을 지르다가 정신을 차리느라 시간이 어떻게 지나갔는지도 모른다.

롤러코스터는 지구인이 일상에서 경험하지 못하는 강력한 감각을 선사한다. 빠르게 떨어지거나 오를 때 몸이 느끼는 가벼움과 무거움, 순간 왼쪽과 오른쪽으로 쏠리는 것들. 이 모든 것은 결국 중력이란 녀석 때문이다.

중력이라면 우선 뉴턴의 사과를 떠올린다. 모든 것은 아래로 떨어지고 이는 지구의 중력이 물체를 잡아당겨 그러는 것이라고 말이다. 사실 중력이 보이는 것도 아니고 온도계처럼 계측할 수 있는 장비도 구할 수 없으니, 지구인은 그저 중력이 있는가 보다 정도로만 알고 살아간다. 지구인은 공기나 물, 햇빛 등을 자연환경으로 여겨도 중력을 자연환경으로는 생각하지 않는다.

그도 그럴 것이 지구인은 평소에 중력을 느끼지 못한다. 사실 너무 익숙해서 그렇다. 지구인이 지구의 중력에 너무 잘 적응되어 있다는 증거이기도 하다. 그렇지만 심심치 않게 중력을 느끼기도 한다. 엘리베이터! 엘리베이터가 오르거나 내리면서 가려는 층에 멈추어 설 때, 짧지만 잠시 몸이 무거워지거나 가벼워짐을 느낀다. 때론 머릿속 어디에선가 어질한 느낌을 받기도 한다. 모두 중력을 감지하는 순간이다. 놀이공원도 중력을 느낄 수 있는 빼놓을 수 없는 장소다. 롤러코스터는 물론이고 바이킹은 어떠한가? 올라갔다가 내려올 때 배 속에 그 무엇이 아래로 스멀거리며 간질간질 내려앉는 듯한 느낌. 모두 경험했을 것이다.

트램펄린(일명 방방이)도 그렇다. 푹신하고 탄력 있는 트램펄린은 몸을 쉽게 하늘로 쏘아 올려 준다. 점프력은 순식간에 올림픽 선수를 능가한다. 한동안 트램펄린을 하고 나서 다시 땅바닥으로 내려오면 몸은 천근만근 무거워지기도 한다. 점프는 고사하고 걷는 것도 어색해진다. 트램펄린 위에서 뛰는 동안 적은 힘으로도 중력을 거스를 수 있었고, 잠시였지만 거기에 적응되고 만 탓이었다.

엘리베이터와 바이킹, 트램펄린이 땅바닥을 기준으로 수직 방향의 느낌이라면 롤러코스터는 좌우 앞뒤 방향으로 아주 강하게 몸이 쏠리는 느낌을 준다. 속도감은 또 얼마나 짜릿한가! 그런 의미에서 롤러코스터는 아마도 지구 중력과 관성을 경험하게 해 주는, 지구인이 만든 최고의 중력 체험 장치가 아닌가 싶다.

롤러코스터가 처음 등장했을 때는 모두 마냥 신기해했다. 몸으로 느껴지는 짜릿함을 이전의 그 어떤 놀이기구도 주지 못했으니까. 그러나 위험을 감수해야 했다. 너무 빠른 속도에 열차 밖으로 튕겨 나가거나 목을 다치기도 하고, 멀미와 두통을 호소하기도 했다. 심지어 실신하기도 했다. 초기 롤러코스터가 이렇게 위험했던 이유는 중력을 이용한 장치가 지구인에게 어떠한 영향을 미칠지 롤러코스터를 처음 설계한 지구인도 잘 몰랐기 때문이다. 어떤 속도로 오르고 내려야 할지, 어떤 각도로 틀어야 할지도 몰랐다. 지금이야 초기 롤러코스터와는 비교가 안 될 정도로 안전하면서도 더 짜릿하고 정교하게 설계하지만 말이다. 여하튼 예나 지금이나 롤러코스터 설계의 핵심 기술은 중력과의 싸움이다.

잠시, 롤러코스터가 지구인에게 줄 수 있는 중력의 크기를 알아보자. 중력 단위를 배수로 표현하면서 말이다. 먼저 지구인이 그냥 서 있을 때를 가정하자. 이때 몸이 느끼며 지탱해야 하는 무게를 1중력가속도(gravitational acceleration)로 표현한다. 지구 중력이 지구인의 몸을 끌어당기는 크기와 단위다. 그렇다면 0.5 중력가속도는 어떤 뜻일까? 지구 중력의 반에 해당하는 중력가속도를 말한다. 이때 지구인은 1중력가속도의 반에 해당하는 중력을 경험한다. 지구인이 높은 곳에서 떨어지고 있다면 떨어지는 속도가 반 정도 느려질 수 있을 것이다. 그렇다면 0중력가속도는 어떻게 상상할 수 있을까? 그렇다. 떨어지지 않는다. 그냥 공중에 머물러 있게 된다.

지구 중력보다 큰 경우를 보자. 엘리베이터가 올라가거나 롤러코스터가 위로 오를 때다. 이때 지구인은 1중력가속도보다 큰 중력을 느낀다. 그러니 3중력가속도라 하면 평소 중력의 세 배를 느낀다는 말이다. 마치 자신과 몸무게가 같은 친구 두 명을 업고 다리로 지탱하는 그런 느낌 정도다. 롤러코스터는 대략 3중력가속도를 느낄 수 있는 장치다.

비행기가 등장할 때까지, 특히 전투 비행기가 개발되고 이를 다루는 조종사가 등장할 때까지 지구인은 중력가속도를 경험한 적이 없었다. 전투기는 롤러코스터와 같은 방식으로 빠르게 날다가 갑자기 방향을 튼다. 물론 더 순간적이고 강력해서 중력가속도는 순식간에 커진다. 이로써 조종사가 순간적으로 실신하기도 한다. 이런 문제점을 해결하기 위해 과학자들은 지구인이 어느 정도까지 중력가속도를 견딜 수 있는지 연구했다. 결과적으로 지구인은 대략 5중력가속도를 견딜 수 있음을 알게 된다. 그래서 롤러코스터의 중력가속도는 안전을 위해서 이러한 연구 결과를 반영하여 설계한다.

엘리베이터, 바이킹, 트램펄린, 롤러코스터 등에서 경험하는 느낌과 감각은 모두 지구 중력 때문이다. 지구인들은 이 같은 장치와 기구가 선사하는 짜릿함으로 소리를 지르기도 하지만, 멀미를 느끼기도 한다. 지구 중력가속도를 넘으면 머리로 향하는 혈액의 공급이 순간적으로 줄어 의식을 잃기도 한다. 의식 상실의 전 단계에서는 시야가 흐려지거나 한순간 앞이 안 보이기도 한다. 중력은 짜릿함과 실신을 동시에 불러일으킨다. 초기 롤러코스터가 지구인의 능력을 과대평가했고, 롤러코스터를 즐기는 지구인은 중력의 변화에 적응하지 못했다. 짜릿함과 안전을 한꺼번에 고려하는 롤러코스터, 덜 어지러운 엘리베이터의 설계는 지구인이 중력에 대응하는 감각 때문임이 명확하다.

지구인의 걷기와 달리기! 맨발이냐 신발이냐?

지구인은 신발을 신고 다닌다. 신발은 지구인에게 여러 가지 이점과 만족을 선사한다. 안전, 편리함, 패션, 기억, 기능, 값어치 등등. 그래서 지구인은 신발의 중요성과 필요성을 잘 알고 있다. 신발은 현대 지구인이 옷과 함께 일상에서 몸에 장착하는 유일한 용품이다. 이제 신발을 신지 않는 지구인은 없을 정도다. 그래서 신발은 발의 구조나 기능과 뗄 수 없는 관계를 갖는다.

지구에서 유일하게 두 발로 걷는 지구인, 지구 중력에서 수백만 년 동안 진화한 지구인의 걷기, 그리고 그 걷는 발에 착용한 신발. 과연 신발은 지구인의 발과 걷기에 어떠한 영향을 미쳤을까? 지금부터 지구 중력과 신발 이야기를 해 보자.

지구인이 신발을 만들기 시작한 때는 약 4만 년 전으로 추정된다. 최초의 신발은 단순히 발을 보호하거나 특정 계급의 장식품이었을 것이다. 추운 지방에서 살게 된 지구인은 체온을 보호하기 위해 신발이 필요했을 것이다. 모두 오래전 특별한 경우의 일이다. 그러나 실제로 현재와 같이 모든 지구인이 신발을 신게 된 것은 그리 오랜 일이 아니다. 특히 기능성 신발이나 하이힐, 폭 좁은 신발 등은 더더욱 그러하다. 한국만 봐도 현재와 같은 신발을 신기 시작한 것은 약 100여 년 전부터였다.

지구인의 진화 과정에서 신발의 역사는 매우 짧다. 신발이 있기 전에 지구인은 맨발로 걷고 뛰었다. 당연히 지구인의 두 발은 맨발을 기준으로 구조와 기능을 적응해 왔다. 그렇다면 신발은 지구인의 진화 과정을 고스란히 보전하고 있을까? 다시 말해 맨발로 걷고 달리든 신발을 신고 걷고 달리든 지구인의 발동작은 똑같을까? 아니면 신발을 신으면 발동작이 달라질까? 연구 결과에 따르면 달라진다고 한다.

먼저 신발의 기본 구조부터 알아보자. 신발의 모양새와 맨발을 비교하면서 상상하자. 먼저, 신발은 발가락 앞쪽 끝을 살짝 들린 상태(toe spring)로 만든다. 맨발로 서 있다면 발가락은 항상 땅에 닿아 있다. 지금 당장 신발장에 가서 신발들을 살펴보면, 모양을 내기 위한 신발을 제외하고 모든 신발은 발가락 앞코가 살짝 들려 있다.

둘째, 신발은 어디를 딛든 발바닥이 평면을 유지할 수 있도록 딱딱한 소재(stiff sole)로 밑바닥을 만든다. 맨발이라면 딛고 있는 표면에 맞추어 발바닥에 굴곡이 형성되겠지만 말이다. 자갈밭을 예로 들면 맨발로는 디딜 때마다 자갈 하나하나에 따라 발바닥 모양이 일그러지고 발목의 각도가 변하겠으나, 신발을 신고 디디면 발바닥은 여전히 평면을 딛는 것처럼 느끼게 된다.

셋째, 신발은 족궁, 그러니까 발바닥 가운데 안쪽 곡선의 공간(arch support)을 받쳐 준다. 맨발로 걸으면 족궁은 항상 땅바닥과 떨어져 있지만, 신발은 족궁을 받치도록 모양이 잡혀 있다.

마지막으로, 신발은 충격을 완화하기 위해 뒤꿈치에 두꺼운 쿠션(thick cushioned heel)을 댄다. 그러나 맨발은 뒤꿈치로 모든 충격을 받아야만 한다.

신발의 기본 구조를 보면 신발이 발을 보호하는 동시에 기능적으로도 도움을 준다는 점을 알 수 있다. 맨발로는 다칠 수 있겠거니 싶은데 신발은 발바닥, 족궁, 뒤꿈치 모두를 보호하는 데 꼭 필요해 보인다. 그렇다면 정말로 신발이 모든 면에서 맨발보다 좋을까?

이번에는 지구인이 걷는 동안 어떤 일들이 벌어지는지 살펴보자. 먼저 맨발로 걸어 보자. 앞으로 내디딘 발의 뒤꿈치가 먼저 땅에 닿으면서 뒤꿈치에 충격이 가해진다. 이번엔 신발을 신고 걸어 보자. 발을 앞으로 내디디면 역시 뒤꿈치가 먼저 닿으면서 충격이 전해진다. 그런데 맨발보다 신발을 신었을 때 순간적인 충격이 줄어든다. 그래, 맞다! 역시 신발이 뒤꿈치 충격을 줄여 주는 것이 분명하다.

자, 이번엔 또 다른 사실을 알아보자. 신발을 신고 걸으면 뒤꿈치가 땅에 닿은 순간 충격이 줄어드는 것은 분명하지만, 충격이 전해지는 시간은 길어진다. 신발이 순간 충격을 줄이기는 하나 충격이 유지되는 시간을 길게 만드는 것이다. 신발은 뒤꿈치 충격의 크기와 시간을 맞교환한다.

이제 달리기를 보자. 지구인은 달릴 때 발바닥의 어디를 먼저 땅에 댈까? 앞꿈치? 뒤꿈치? 아니면 발바닥 전체를 동시에? 이것을 알아보기 위해 지구인들에게 맨발로 아스팔트 위를 달리게 했다. 결과적으로 네 명 중 세 명은 발 앞꿈치를 먼저 디뎠다. 과학자들이 그 이유를 알아보니, 발의 앞꿈치로 땅을 디딜 때 다리에 가해지는 충격이 작은데 이러한 사실을 알려 주지 않았어도 몸이 자연스럽게 알았다는 것이다.

그럼 아스팔트가 아닌 푹신한 곳에서 달리면 어떻게 될까? 이번에는 잔디밭에서 맨발 달리기를 시켰다. 그랬더니 이번에는 뒤꿈치로 발디딤을 했다. 뛰는 바닥에 따라 지구인들은 충격을 줄이기 위한 최상의 방법을 찾는다는 말이다.

자, 이번에는 평상시에 맨발로 사는 지구인과 평생 신발을 신고 산 지구인의 달리기 방식을 비교해 보자. 지구인마다 차이가 컸지만, 맨발로 살던 지구인은 주로 앞꿈치로 딛고 달렸다. 이에 반해 신발을 신고 살던 지구인은 주로 뒤꿈치를 먼저 딛고 달렸다.

그럼 맨발과 신발은 지구인의 발에 어떠한 영향을 미칠까? 이번엔 발바닥의 근력과 감각에 대해 말할 참이다. 다시 신발의 생김새를 보자. 신발의 앞 발가락 들림은 걸을 때 힘이 적게 들도록 만든 구조다. 견고한 밑창 위에 푹신한 깔창은 울퉁불퉁한 바닥에서 발바닥의 피로감을 줄여 준다. 족궁 지지대 또한 발의 피로를 줄여 준다. 결국 신발은 발가락과 발바닥이 힘을 덜 써도 되도록 돕는다.

발바닥이 힘을 덜 쓴다고 하니 피로감을 줄일 수 있어 좋은 것이라 평가할 수 있다. 그럼 이러한 이점을 항상 좋게만 평가할 수 있을까? 발바닥이 힘을 덜 쓰면 발바닥과 발가락의 근력은 사용이 줄어든다. 발바닥 근력이라는 말이 생소하게 들리겠지만, 신발은 맨발에 비해 발바닥 근력이 사용되는 기회를 줄이거나 약하게 요구한다. 이렇게 발바닥 근육의 사용 기회가 줄면 당연히 발바닥의 감각 또한 사용될 기회를 잃는다.

신발과 맨발은 부상의 종류와 정도에도 영향을 미친다. 발 앞꿈치를 사용하면 발목 주위에 충격이 높아지고 주로 종아리와 아킬레스건에 충격이 크게 전달된다. 반면에 뒤꿈치를 사용하면 무릎에 더 크고 긴 충격이 전달된다. 뒤꿈치 사용자의 발목, 무릎, 허리 등이 다칠 확률은 앞꿈치 사용자보다 약 2.5배 높다고 한다.

이 모든 과학적 자료들은 지구인이 달릴 때 먼저 땅을 딛는 부위, 즉 앞꿈치와 뒤꿈치가 평소에 신발을 신고 다니느냐 아니냐에 따라 달라짐을 확인해 준다. 또한 디딤 방식에 따라 부상의 종류와 정도가 달라질 수 있음을 알려 준다.

지구인은 맨발로 지구 중력에 적응해 왔다. 맨발이 자연의 적응 방식이었다면 신발은 문명의 산물이다. 현재 신체의 진화와 문명의 도구는 지구인의 발에 서로 다른 요구를 하고 있다. 신발이 지구인의 발 모양을 바꾸고 있지만, 변형된 발은 다시 문명과 기술로 고쳐야 한다는 것이다. 이제 지구인은 편리한 신발을 버릴 수 없다. 그렇지만 지구 중력에 대응한 맨발을 버릴 수는 더더욱 없다. 지금껏 지구인의 발은 그렇게 지구 중력에 맞춰 진화해 왔으니까.

감각끼리 갈팡질팡하니 속이 울렁거린다!

지구인은 멀미를 한다. 차멀미와 뱃멀미가 대표적이다. 지구인 서너 명 중 한 명꼴로 멀미를 한다고 한다. 그러나 멀미는 특별한 증상도 아니고 병도 아니며 체력에 의한 것도 아니다. 멀미는 단지 신체의 감각 기능이 너무 민감해서 하는 것이다.

멀미는 영어로 모션 시크니스(motion sickness)라고 한다. '동작병(動作病)' 정도로 직역할 수 있는데, 움직임으로써 발생하는 문제란 뜻이다. 움직이면 생기는 병이라면 움직이는 누구나 걸릴 수 있고, 결국 모든 지구인이 걸릴 수 있다. 그렇다면 왜 움직이는 데 어지러움을 느낄까?

지구인이 움직임을 감지할 수 있음에 그 원인이 있다. 멀미는 실제로 움직임이 진행되는 것과 그 움직임을 감지하는 기능이 서로 일치하지 않을 때 발생한다. 이때 지구인은 그 움직임을 감지하는 기능의 비교 기준점을 중력에 둔다. 즉 중력에 의한 당겨짐과 이동 그리고 가속도를 감지함으로써 움직임을 인지한다.

지금부터 모션 시크니스를 좀 더 세밀하게 살펴보자. 지구인이 방 안에서 의자에 앉아 책을 읽고 있다. 위치의 이동이나 움직임 없이 몸은 그냥 의자에 그대로 있다. 눈은 책 지면의 글자만을 따라 움직인다. 이때 어지러움을 느낄까? 아니다. 느낌상으로 아무런 일이 발생하지 않는다. 이번에는 차를 타고 가면서 책을 읽어 보자. 몸은 차 좌석에 앉아서 움직이지 않는다. 눈은 책 지면의 글자만 보고 있다. 그런데 이상하다. 한참을 지나니 속이 울렁거린다. 왜일까?

두 상황은 같으면서 다르다. 같은 것은 앉아서 눈으로 책을 보는 상태다. 다른 것은 방 안의 의자는 한 지점에 그대로 있고, 차 좌석은 차와 함께 이동하는 중이라는 점이다. 그렇다면 차의 이동이 멀미를 일으켰을까? 그렇다. 더 정확하게 말하면 차의 움직임에 지구인의 감각 체계가 반응했기 때문이다. 그리고 그 정보가 익숙하지 않았거나 혼란스러웠기 때문이다.

지구인의 뇌는 자신이 한 위치에서 다른 위치로 이동하는 것을 여러 경로로 알아챈다. 먼저 시각, 눈이다. 눈은 시야의 장면이 바뀌거나 등장하고 사라지고 가까워지고 멀어지는 것을 감지한다. 두 번째는 전정기관인 세반고리관이다. 세반고리관은 몸의 균형뿐만 아니라 가속과 감속으로 몸이 어느 방향과 속도로 이동하는지 감지한다. 세 번째는 근육이다. 근육이 수축하는 부분과 이완하는 부분을 감지하면서 이동의 속도와 방향을 뇌에 알려 준다. 그리고 이 세 가지 경로로 전해진 정보는 뇌에 도달하여 조합적으로 분석된다. 보통의 경우 이 세 가지 정보는 일정한 유형을 구성한다. 뇌는 이 유형에 익숙하고 자연스럽게 동작을 인지한다.

예를 들어 길을 걷는다고 가정해 보자. 걸으면서 손과 발이 앞뒤로 움직인다. 신체의 여러 근육이 짧아지고 길어짐을 몸이 느낀다. 이 정보는 뇌로 알려진다. 세반고리관도 느낀다. 몸이 앞으로 이동하는 것을 가속과 감속으로 느낀다. 이 정보 또한 뇌에 전달된다. 눈도 역할을 한다. 가로수와 건물의 장면이 뒤로 이동하면서 변하는 장면의 정보를 뇌에 전달한다. 이러한 세 가지 정보는 아마도 일상적일 테고, 항상 그랬듯이 하나의 조합 형태로 뇌에 알려졌을 것이다. 이 세 정보를 통해 지구인의 뇌는 몸이 앞으로 가고 있음을 알아차린다.

그런데 만약 근육이 앞으로 가고 있다고 정보를 전하고 있는데 시각으로 감지된 변화가 없다면, 즉 시각은 움직이고 있지 않다고 정보를 전한다면 뇌는 이것을 어떻게 해석할까? 만약 세반고리관이 몸 앞쪽으로 가속을 느끼고 있음에도 근육이 아무런 신호를 보내지 않는다면 뇌는 이것을 어떻게 해석할까? 아마 뇌는 익숙하지 않은 정보의 조합을 받아 들고 아무런 결정도 하지 못할 것이 분명하다. 그리고 이 상태에서 뇌는 혼란스러운 상황을 겪을 것이다.

지구인은 정보의 조합에 대한 뇌의 혼란을 자주 경험한다. 롤러코스터나 트램펄린에서 내려와도 그렇지만, 자전거를 타다가 내려 걷거나 러닝머신에서 달리다가 내려 걸을 때 한동안 몸이 이동하고 움직이는 것에 어눌함을 느낀다. 차멀미와 뱃멀미, 그리고 이동 중인 차 안에서 책을 읽을 때 멀미를 경험하는 이유이기도 하다.

멀미는 지구 중력에 대한 지구인의 자연스러운 반응이다. 어쩌면 멀미를 하지 않는 지구인이 비정상일 수도 있다. 또는 둔감하다고 표현하는 것이 옳을 수도 있다. 지구인은 저마다 멀미를 줄이는 갖가지 방법을 제시한다. 그러나 어떤 방법이 잘 될지는 아직 아무도 단언하지 못한다. 감각기관 사이의 정보 조합에 혼란이 생겼기 때문이라고 설명했지만, 그것 말고는 정확하게 어떻게 멀미를 조정하고 관리할 수 있을지 현대 과학은 아직 모르고 있다.

과거와 비교하면 현대의 지구인은 더 자주 멀미를 경험한다. 기술과 문명이 신체 움직임의 감각 정보를 다양하게 혼동시키기 때문이다. 자동차가 그러하고, 러닝머신이나 가상현실(virtual reality) 같은 것이 대표적이다. 중력에 대응한 지구인의 감각이 혼란을 겪는 것이 장기적으로 지구인에게 멀미 이상의 다른 어떤 영향을 미칠지는 아직 알 수 없다.

우주에서 태어난 지구인은 어떤 모습일까?

모든 동물은 저마다 모습이 서로 다르다. 동물은 지구에서 살면서 그 모습과 크기가 지구에 최적화되었다. 지구인도 예외가 아니다. 현재 지구인의 모습은 진화의 결과다. 원하든 원하지 않든 다양한 원인으로 진화의 정도와 방향이 정해진다. 지구인의 진화에 영향을 미친 가장 중요한 요인 중 하나가 바로 중력이다. 뼈 및 근육의 모양과 성질, 모든 신체 기관의 크기와 기능은 중력의 영향으로 결정된 것들이다. 지구인의 모습에 중력이 스며 있다.

중력이 지구인의 현재 모습에 영향을 미쳤다고 하면 그 모습이 어떤 것인지 잘 그려지지 않는다. 중력이 느껴지지도 않지만, 지구인은 이미 완벽에 가깝도록 중력에 진화했고 진화하고 있으며 특히나 중력을 벗어나 살아 본 적이 없다. 그래서 가정이 필요하다. 만약 지구의 중력이 없어진다면 또는 지구의 중력이 작아지거나 커진다면 지구인의 모습은 여전히 이대로일까?

실제로 지구의 중력을 바꿀 수 없으니 이런 가정의 환경을 구현하는 것은 대단히 어렵다. 그런데 마침내 지구인은 지구 중력을 벗어난 세상을 경험할 수 있게 되었다. 바로 지구 밖 우주다. 무중력! 과연 지구인은 무중력에서 어떻게 그 모습과 기능을 바꾸게 될까? 거꾸로, 과연 지구 중력은 지금껏 지구인의 몸에 어떠한 영향을 미쳐 왔을까? 이제 지구인은 우주에서 여태껏 그 누구도 상상할 수 없었던 새로운 중력 환경을 경험하고, 지구 중력이 지구인에게 얼마나 소중했던 것인지 알게 될 것이다.

사실 지구인은 지구 중력에 완전히 적응하지 않은 상태로 태어난다. 중력에 적응할 수 있는 다양한 능력과 기능을 소지하고 태어날 뿐이다. 갓난아기는 머리를 가누지 못한다. 머리를 가눌 정도로 목 근육에 충분한 힘이 없기 때문이다. 머리 무게를 감당한다는 것, 목에 힘을 주고 머리를 들어 올린다는 것은 바로 지구 중력의 당김을 근육이 버텨 내야 하는 것을 의미한다. 그리고 이후 지구인은 평생 무의식에서도 목에 힘을 주고 살아가게 된다. 목 근육의 발달과 목 근육에 주어진 힘은 지구 중력에 대한 지구인의 적응 결과다.

지구인의 척추는 옆에서 봤을 때 완만한 곡선 모양이다. 마치 알파벳 'S'자를 떠올리게 한다. 그러나 다른 포유류의 척추는 지구인과 다르다. 지구인의 현재 척추 모양은 두 발로 직립 보행을 하면서 형성된 것이다. 즉 중력의 수직 힘에 대한 충격을 완화하기 위한 결과물이다. 그러니 지구인의 척추 모양은 지구인에게만 해당된다. 갓 태어난 아기의 척추는 어른과 같은 곡선 모양이 아니다. 아직 중력에 적응하지 못한 상태라서 그렇다.

갓난아기의 뼈 강도와 근육 힘은 어떨까? 당연히 연약하다. 지구 중력을 이길 수 있을 만한 뼈의 구조적 강도와 근육의 힘이 매우 부족하다. 그래서 신생아는 한동안 누워 지낼 수밖에 없다. 시간이 지나면서 아이는 앉고, 서고, 걷고, 뛸 수 있다. 이 모든 단계적 성장과 경과는 아이가 지구 중력을 이기는 데 필요한 과정과 시간과 일치한다. 아이는 중력에 적응하고 이에 필요한 만큼 뼈와 근육을 강화한다. 더도 말고 덜도 말고 딱 중력에 맞게끔 말이다.

지구인과 달리 많은 포유류 새끼는 태어나면서부터 바로 움직일 수 있다. 태어나면서부터 생명의 위험에서 벗어나 도망가야 하고 먹을 것을 찾아 이동해야 하기 때문이다. 그들에게 이동과 이동 능력이란 생명이나 다름없다. 다른 동물들에 비해서 지구인의 아기는 매우 위태롭다. 부모나 보호자의 도움 없이는 절대 생명을 부지하기 힘들다.

지구인은 왜 이렇게 연약하게 태어날까? 답은 적응에 있다. 지구인의 아기는 태어나서 바로 움직이지 못하는 대신 적응에 대한 유연성을 갖고 있다. 바로 환경에 대한 적응의 유연성이다. 지구인은 다른 동물들처럼 모든 것을 갖추고 태어나지 않는 대신, 태어난 후에는 환경을 경험하고 그에 맞게 적응하면서 성장한다. 육체적으로나 사회적으로 모두 그렇다.

심지어 지구인은 불변의 환경 조건으로 여겨지는 중력에도 적응 여부를 타진할 수 있는 잠재력이 있다. 지구인이 지구 중력에 적응하는 능력은 지구인이 지구 중력이 아닌 다른 중력에도 적응할 수 있다는 것을 암시한다. 지구인은 무중력, 또는 지구보다 강한 중력의 행성에서도 적응할 수 있지 않을까?

그렇다면 무중력 환경에서 태어난 지구인은 어떻게 적응하면서 성장할까? 이 질문에 대한 답은 지구인의 신체 기능과 적응이 어떻게 중력과 연관되어 있는지를 살피면 된다. 예를 들어 지구인의 척추 모양을 보자. 중력이 척추에 미친 영향을 이해한다면 중력이 약할 때 척추는 어떤 모양과 강도를 유지할지 상상할 수 있지 않을까?

다리 근육을 보자. 다리로 서고 걷고 달릴 수 있으려면 근육이 충분한 힘을 발휘할 수 있어야 한다. 발을 내디딜 때 충격도 생각해야 하니 대부분 체중보다 더 무거운 무게를 감당할 수 있어야 한다. 그런데 체중은 중력에 따른 것이니 결국 다리 근육이 버텨야 하는 힘의 크기는 중력이 결정한다. 그런데 만약 지구의 중력이 없어진다면 다리 근육은 더는 체중을 감당할 이유가 없게 된다. 무중력 환경에서 태어난 아기는 다리 근육의 크기와 힘을 키울 이유가 없다는 말이다.

균형 감각을 살펴보자. 눈을 감고도 서 있을 수 있는 것은 지구인의 균형 감각 때문이다. 균형 감각은 몸이 기울면 기운 상태와 정도를 알려 준다. 지구인의 균형 감각은 지구 중력이 작용하는 방향을 기준으로 수직을 유지할 수 있도록 돕는다. 넘어지지 않도록 말이다.

이제, 우주로 가 보자. 우주선 안의 우주인은 둥둥 떠다닌다. 무중력 환경에서는 위아래가 없다. 물건이 떨어지지 않는다. 넘어질 만한 요소나 기울었다는 것이 중요하지 않다. 지구인의 가장 중요한 균형 감각기관은 귀 안쪽에 있는 세반고리관이다. 무중력 환경에서 태어난 아기는 과연 지구에서처럼 전정기관의 균형 감각이 필요할까?

지구인이 우주에서나 무중력에서, 또는 다른 크기의 중력을 가진 행성에서 태어나고 살아간다면 어떠한 모습이 될지 누구도 모른다. 지구를 떠난 지구인의 모습을 그리는 지구인은 많아도 상상에 그친다. 모두가 옳을 수도 있고 그렇지 않을 수도 있다.

분명하고 확실한 것은 우주에서의 지구인은 지구에서의 지구인과 그 모습이 다를 것이며, 다를 수밖에 없다는 사실이다. 서로 중력이 다른 데다가, 지구인은 그러한 중력에도 적응할 것이기 때문이다.

우주비행사에게는 운동 처방이 필요하다!

우주에서 지구인의 모습과 신체 기능이 변한다면 지구인은 우주여행을 어떻게 준비해야 할까? 그리고 매우 긴 시간 동안 우주여행을 한다면, 또는 다른 행성에서 살아가야 한다면 지구인은 어떠한 준비와 각오를 해야 할까?

우주의 무중력이 지구인에게 미치는 영향은 막대하다. 지금까지 모든 유인 우주선은 일주일이든 한 달이든 심지어 일 년 넘게 우주 비행의 임무를 마치고 결국 지구로 돌아왔다. 이런 비교적 짧은 시간의 우주 경험에서도 우주선 안에서 받는, 무중력에 가까운 미세중력(microgravity)이 신체에 미치는 영향이 크다는 사실이 알려졌다. 예를 들어 미세중력에서 우주인의 뼈는 급격히 약해지고 근력 또한 빠르게 줄어들었다. 그리고 움직임에 대한 심혈관계의 기능 감소는 물론이고 균형 감각도 떨어졌다. 더욱이 이러한 변화들이 빠르게 진행되었다.

미세중력에서의 신체 변화는 지구로 귀환하는 우주비행사에게 매우 해롭다. 그래서 지구로 귀환한 착륙선에서 나오는 우주비행사는 모두 몸을 가누지 못하고 들것에 실려 나온다. 뼈와 근육이 약해지고 균형 감각이 줄어 곧바로 설 수 없기 때문이다. 이에 따라 과학자들은 우주에서 머무는 동안 받는 미세중력의 영향을 최소화할 수 있는 특별한 계획을 세우고 우주비행사에게 이를 실행하도록 한다. 바로 운동이다.

운동은 우주비행사가 겪을 수 있는 미세중력의 영향을 최소화하고, 지구로 귀환했을 때 나타날 수 있는 육체적 문제점을 줄이는 데 가장 좋은 방법으로 꼽힌다. 우주비행사가 지구로 돌아와 다시 정상적인 일상으로 돌아가야 하니 말이다. 그렇다고 운동이 모든 문제점을 해결하지는 못한다. 다만 비교적 짧은 우주 비행에서는 효과를 보는 듯하다.

그렇다면 오랜 시간의 우주여행과 그동안의 운동은 효과가 없을까? 불행하게도 과학자들은 긍정적인 답을 주지 못한다. 여전히 운동은 미세중력에서 지구인을 보호하는 중요한 방법이긴 하나 그저 최소한의 방어 전술일 뿐 완전한 방법은 아니라는 것이다. 수년간에 걸친 장시간의 우주여행은 지구인의 신체를 완전히 바꾸기 때문이다.

몇몇 우주여행 기획자는 지구인을 화성에 보내 아예 거기서 돌아오지 않고 살도록 하자는 계획을 말하기도 한다. 비용도 비용이거니와 지구로 돌아와 다시 지구 중력에 적응하는 것이 또 다른 문제를 만들기 때문이다. 화성에 도착해서 그곳에 적응하며 사는 것이 오히려 그들의 건강에 더 합리적이라고 생각하는 것이다.

우주에서의 운동은, 정확히 말하면 운동 프로그램의 구성은 지구인의 건강과 안전뿐만 아니라 경제적인 측면에서도 매우 중요하다. 다시 지구인의 화성 여행을 예로 들어 보자. 현재의 기술력으로 화성에 도달하려면 최소 7개월 이상이 걸린다. 그러니 왕복을 생각하면 화성을 찍고만 와도 14개월이 걸릴 것이고, 400여 일 이상 우주비행사들은 우주를 떠다녀야 한다. 최소한 400일 이상 진행되는 신체의 변화를 막아야 한다는 말이다. 만약 화성에서 머문다면 일정은 더 길어진다.

그렇다면 어떻게 신체의 변화를 막을 수 있을까? 현재 아는 유일한 방법은 운동뿐이다. 그런데 운동은 또 다른 문제를 일으킨다. 운동이 미세중력에서 신체의 변화를 최소화하는 데 효과적일 수 있지만, 운동을 하면 할수록 더 많은 에너지가 소비되어 소비된 에너지를 다시 보충해 주어야 한다. 에너지 보충이란 운동을 하는 만큼 우주비행사가 더 많은 음식을 먹어야 한다는 뜻이다.

더 많은 음식을 먹으려면 우주선에 더 많은 음식을 실어야 한다. 우주선은 음식으로 더 무거워진다. 무거워진 우주선을 발사하려면 더 많은 연료와 추진력이 필요하고, 더 크고 강력한 발사체가 있어야 한다. 그리고 우주선 안에서 운동량이 증가하면 더 많은 산소가 소모되고 동시에 더 많은 이산화탄소가 만들어진다. 이에 따라 공기 정화와 공기 순환 장치의 작동이 더 필요해진다. 이 모든 것으로 인해 운동은 지구인을 보호하려는 전략이긴 하지만, 화성을 다녀오는 비용 청구로 이어진다. 비용이 천정부지로 뛴다.

문제는 또 있다. 더 많은 음식을 가져가야 한다는 것은 그렇다고 쳐도, 과연 운동으로 사용하는 에너지량과 음식으로 공급하는 에너지량의 균형을 정확하게 예측할 수 있는가 하는 문제다. 무작정 많은 음식을 가져간다면 비용 부담이 크고, 만약 예상한 음식의 양이 모자라게 되면 우주비행사들은 굶어 죽고 말 것이다.

어떤 운동을 할 것인지도 선택해야 한다. 우주에서 유산소 운동과 같은 지구성 운동이 더 필요할까? 아니면 근육이 줄어들지 않도록 하는 근력 운동이 더 필요할까? 또는 두 운동을 골고루 모두 해야 할까? 어떤 운동이냐의 선택은 지구인의 어떤 체력 요인을 보존할 것인가의 문제이기도 하지만 소요 시간, 산소 필요량, 에너지 필요량 등과 같은 요인에도 영향을 미친다. 역시 비용과 연결될 수밖에 없다.

지구인이 우주에서 겪는 육체적 변화는 분명히 신체 기능과 능력의 쇠락으로 이어진다. 이것은 지구 중력이 얼마나 강력하게 지구인의 육체를 지배하는지 보여 주는 반증이지만, 뒤집어 생각하면 지구인은 중력이 없는 환경에도 적응할 수 있다는 뜻이기도 하다. 우주를 탐험하는 지구인, 지구 중력과 다른 환경에서 살아가는 지구인은 과연 어떻게 변할까?

04

시간

“

지구인은 낮에 활동하고 밤에 잔다.
지구의 하루에 맞춘 것이다.
지구인의 몸은 밤낮을 어떻게 알까?
밤낮의 주기에 지구인이 적응한 것일까?

”

시계 없이도 지구인은 규칙적으로 잘 산다!

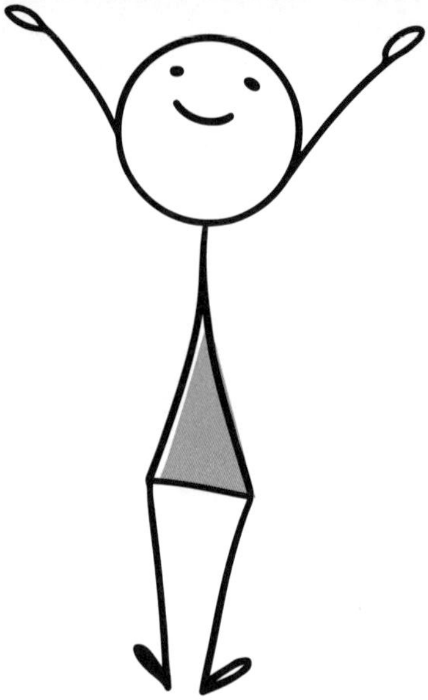

지구인은 시계를 보는 것으로 하루를 시작한다. 아침에 잠에서 깨면 바로 시계를 본다. 만약에 지구에서 시계가 모두 사라진다면 어떻게 될까? 시간을 맞추어야 하는 약속도, 등교도, 식사도 모두 엉망이 될 듯하다. 시계가 없어지면 지구인은 모두 아침잠을 늘어지게 잘까, 언제 무엇을 할지 모르게 될까, 아니면 여전히 규칙적인 생활을 할 수 있을까?

과학자들은 이런 질문에 답하기를 좋아한다. 그래서 이번에도 실험해 보았다. 밤낮을 모르게 하고 시계도 모두 없애버린 상태에서의 실험이다.

먼저, 연구 대상자들을 방 안에 들인 후 시간을 알아챌 수 있는 모든 것, 예를 들어 시계, 신문, 텔레비전 등등을 없애고 차단한다. 그들이 방 안에서 마음대로 먹고 자고 운동하고 활동할 수 있게 한다. 무엇을 하라고 지시하지도 않는다. 그러고는 며칠 동안 그들의 행동을 관찰한다. 결과는 어땠을까? 그들은 시계도 없고 밤과 낮도 몰랐지만, 대략 하루를 주기로 잠자고 깨고 활동했다.

이제 궁금증은 다음 단계로 넘어간다. 어떻게 그들은 시간도 모르면서 대략적인 하루의 주기를 맞추어 살았을까? 과학자들은 지구인 몸 안에 시계가 존재하기 때문이라고 설명한다. 몸 안에 시계가? 그렇다. 시계다. 그것도 하나가 아닌 여러 개의 시계다. 몸 안의 시계들은 지구인이 규칙적이고 주기적으로 깨고 자고 먹고 활동하게 한다. 손목시계로 시간을 인지하지 않더라도 말이다.

몸 안에 있는 시계를 생물학적 시계 또는 생체 시계(biological clock)라고 한다. 사실 생체 시계는 보이거나 존재하는 구조가 아니다. 단지 일정한 주기로 작동하고 활동한다. 몸 안의 거의 모든 세포에 생체 시계가 장착된 듯하니, 모든 세포마다 각자 주기성이 있는 것으로 보면 된다. 그런데 각각의 생체 시계는 자신이 제대로 주기를 맞추고 있는지 항상 어떤 대상과 비교한다. 그 대상이 바로 시상하부다. 시상하부는 몸에 있는 많은 시계의 '우두머리'다. 모든 생체 시계가 따르는 시계인 셈이다. 시상하부는 하루를 주기로 작동하고, 각 세포는 시상하부의 시간을 따른다고 보면 된다.

시상하부는 빛을 통해 해가 뜨고 지는 것을 안다. 아침에 햇빛이 눈으로 들어오면서 시상하부는 하루가 시작되었음을 감지한다. 그리고 잠을 자도록 유도하는 호르몬이 더는 나오지 못하도록 명령한다. 서서히 잠에서 깨어난다. 반대로 해가 지고 주위가 어두워지면 시상하부는 잠을 유도하는 호르몬을 방출하도록 명령한다. 졸음이 몰려오고 결국 잠에 빠진다.

시상하부는 빛이 있고 없음으로만 주기를 형성하지 않는다. 빛 말고도 밥을 먹거나, 몸을 움직이거나, 소리와 온도의 영향으로도 주기를 형성한다. 심지어 시계를 보고 시간을 인지하는 것으로도 영향을 받는다. '몇 시구나!'를 인지하는 것도 시상하부는 그냥 지나치지 않는다.

지금까지 외부 환경의 조건에 따라 시상하부가 영향을 받아 주기성을 갖는 것을 설명했다. 흥미로운 것은 앞서 이야기한 대로 시상하부와 생체 시계는 외부의 빛이나 다른 요인들에 의해서만 수동적으로 주기를 만들지 않는다는 점이다. 즉 시상하부와 생체 시계는 빛이나 소리, 음식과 같은 외부 신호에 맞추어 주기를 형성하는 동시에 이러한 신호 없이도 능동적으로 대략적인 하루 주기를 갖는다. 마치 밀폐된 방에 지구인을 가두고 관찰한 실험에서처럼 말이다.

결론적으로 말하면, 시상하부와 생체 시계는 자체적으로 시간 주기를 형성하면서 외부 환경의 시간 알림 조건에 따라 몸의 기능을 조율한다. 생체 시계가 능동성과 수동성을 모두 갖고 있다는 뜻이다. 시계가 있든 없든 지구인의 몸이 하루를 주기로 살아갈 수 있는 이유다.

생체 시계들의 합창!

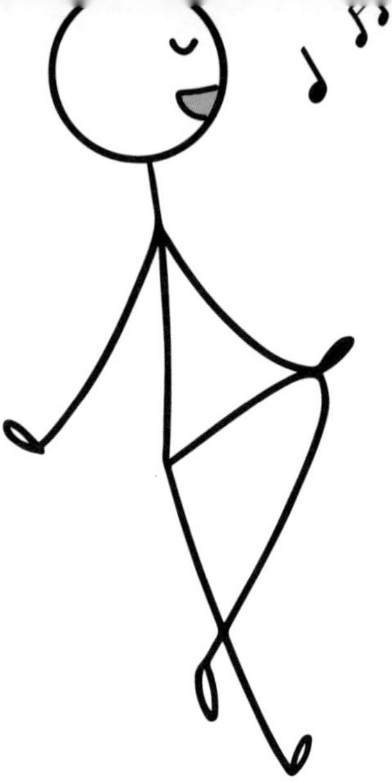

세포는 활동하면 다시 휴식을 취해야 한다. 몸이 주기성을 갖는다는 것은 활동과 휴식을 반복한다는 뜻이다. 그리고 동물의 주기적 활동과 휴식은 외부 환경의 변화와 일치(synchronization)한다. 지구인에게는 낮에 활동하고 밤에 휴식하는 '주기'가 필요하며, 이러한 몸의 주기는 환경의 주기와 '일치'한다. 지구인은 지구 자전을 기준으로 대략 하루의 주기를 갖는데, 이를 일주기(circadian rhythm)라고 한다.

그렇다면 일치란 무슨 뜻일까? 먼저 주기의 주체를 살펴보자. 지구 자전에 의한 하루 주기, 시상하부의 주기, 각 세포의 생체 시계 주기, 이렇게 세 가지다. 만약 이 세 주기가 맞춰진다면 이때를 주기가 일치했다고 한다. 지구 환경과 지구인 몸의 일주기가 서로 들어맞았다는 말이다.

세 가지 주기의 시간이 일치하면 지구인의 몸은 가장 편하게 작동한다. 만약 이 세 개의 주기가 일치하지 않으면 어떻게 될까? 그렇다. 잠을 자거나 깨기가 어렵고, 수면과 관련 있는 불편한 현상이 많이 나타난다. 지구는 일어나라고 빛을 비추는데도 지구인의 몸은 여전히 자야 한다고 하면, 두 주기가 서로 충돌하면서 불편함을 느끼게 된다.

지구인의 일주기는 지구의 자전 시간인 24시간보다 약간 길다. 물론 지구인마다 일주기의 시간 차이가 있고, 나이가 들어감에 따라 일주기의 시간도 변한다. 일주기의 시간과 일치성은 지구인 주변에서 흔히 보는 다양한 현상을 설명해 준다. 어떤 지구인은 아침형 인간이고 어떤 지구인은 저녁형 인간이라고 하는 것도 주기성에 기반한다. 신생아 지구인이 시도 때도 없이 자다가 깨는 것이나, 노인은 잠이 없다는 것 모두 주기성과 일치성으로 설명할 수 있다.

흔히 주기성을 두고 무엇이 더 좋은 것인지 따지기도 한다. 그렇지만 건강의 관점에서 이러한 비교는 무의미하다. 실제로 중요한 것은 일주기가 규칙적인가 또는 환경과 일치하는가이다. 일주기가 규칙적이고 지구 자전과 일치한다면 건강한 일주기라고 할 수 있다. 그래서 규칙적인 생활이 중요하다. 이미 살펴보았듯이 생체 시계는 수동적이면서도 능동적이기 때문에 규칙적인 생활만이 규칙적인 주기와 일치를 가능하게 한다.

지구인이 경험한 일주기는 지구 자전이 유일하다. 지구인은 지구의 밤낮 주기에만 익숙하며 그것에 적응해 왔다. 그러나 최근에는 지구인의 일주기를 혼란에 빠뜨리는 일이 많이 벌어진다. 비행기를 타고 다른 시간대의 나라로 여행하는 것이 대표적이다. 편의점은 밤새 불을 켜 놓고 24시간 영업한다. 누군가는 물건을 사러 들어가고 누군가는 판매대를 지킨다. 친구끼리 모여 밤을 새우거나 홀로 스마트폰을 보며 밤을 보내기도 한다. 지금껏 지구인의 시상하부는 해가 진 밤에 빛과 소음, 음식과 활동을 경험하지 못했다. 과연 지구인의 주기와 일치는 어떻게 변하고 적응해 갈지 궁금하다.

지구인은 오늘도 시차 적응 중!

19세기 말에 발표된 소설 『80일간의 세계 일주』는 주인공이 영국을 떠나 인도, 홍콩, 미국 등을 거쳐 다시 영국으로 돌아오는 여정을 그리고 있다. 이 소설이 나왔을 때만 해도 세계 일주란 낯선 단어였을 것이고, 시차 적응이란 말도 흔치 않았을 것이다. 시차란 해가 뜨고 지는 주기의 시간대가 다름을 말한다. 그러니 시차 적응은 다른 시간대에 생체 시계를 맞춘다는 말이다.

『80일간의 세계 일주』가 출간된 지 100년이 훌쩍 지난 현재, 시차 적응이란 단어는 일상어가 되었다. 그만큼 지구인은 다른 시간대로 빈번하게 이동하고 있다. 그리고 실제로 시차가 다른 지역에서 완전히 적응한다. 지구인은 과연 어떻게 시차에 적응하는 것일까?

시차 적응은 생체 시계가 일치성에서 이탈하는 것으로부터 시작한다. 이러한 현상을 '프리 러닝(free running)'이라고 하는데, 해석하면 각자 서로 다른 길로 간다는 뜻이다. 즉 일치했던 생체 시계들이 새로운 시간의 지구 주기를 감지하고 각자 흩어져 방황한다는 말이다.

예를 들어, 한국의 지구 시간대에 일치했던 생체 시계들이 미국으로 가자마자 모두 흩어져 일치성이 파괴된 상태로 이해하면 쉽다. 어떤 세포는 여전히 한국의 시간대에 맞추어 주기를 유지하는가 하면, 어떤 세포는 미국의 시간대에 이미 맞추어진 상태가 되는 것이다. 이때 지구인은 불면증과 피곤함 같은 불편한 감각을 느끼며, 식욕도 떨어지고 무기력해진다.

그러나 생체 시계들은 다시 일치성을 회복하기 위해 노력한다. 즉 한국에서 그랬듯이 지구 시간, 시상하부, 각 세포의 생체 시계가 미국의 시간대에 주기를 일치시킨다. 이때 '시차 적응'이 되었다고 한다. 요약하면, 시차 적응이란 새로운 시간대에 맞추기 위해 시상하부와 생체 시계가 프리 러닝 하다가 다시 삼자 일치 상태로 주기를 형성하는 과정이다.

이 과정을 고통 없이 빠르게 진행하는 지구인이 있는가 하면, 그렇지 못한 지구인도 있다. 흔히 전자를 시차 적응을 잘하는 지구인 또는 시차를 못 느끼는 지구인이라 하고, 후자를 시차 적응이 어려운 지구인이라 한다. 생체 시계의 입장이라면 프리 러닝 후 일치화를 쉽게 잘하는 지구인과 그렇지 못한 지구인으로 설명할 수 있다.

시차 적응은 나이, 성별, 체력 등으로 설명되지 않는다. 알려진 바에 따르면 시차 적응은 철저히 생체 시간의 문제이고 개인의 문제다. 많은 지구인이 시차에 잘 적응하는 방법을 경험을 통해 말하고 있지만, 논리적으로 설명할 수 있는 지구인은 없다. 왜냐하면 여전히 시상하부의 조절 능력이 완전히 밝혀지지 않았기에 시상하부를 인위적으로 조정할 방법을 모르기 때문이다. 생체 시계는 더 말할 나위 없다. 유일하고 현실적인 시차 적응 방법은 목적지의 시간대에 맞추어 수면과 활동을 계획하고 실행하는 것이다. 물을 많이 마시는 것도 중요하다.

참 묘하게도 지구인의 일주기는 어림잡아 평균 25시간이다. 지구의 자전이 24시간인 것에 비하면 지구인의 일주기는 조금 더 길다. 맘 같아서는 생체 시간의 주기도 24시간이면 깔끔하겠지만, 그렇지 않다. 그럼 지구인의 일주기는 왜 하필 25시간일까? 아마도 시차 적응에 기술적 유연성을 확보하기 위함이 아닐까 생각해 본다. 짧은 시간대의 이동이라면 25시간의 일주기를 가진 지구인은 굳이 일치화를 깨지 않아도 될 것이다.

예를 들어, 한 시간이 느려지는 서쪽으로 이동한다고 가정해 보자. 만약 일주기가 24시간이라면 이 짧은 시간대의 변화에도 일치화를 깨고 프리 러닝을 해야 할 것이다. 그런데 일주기가 25시간이라면 한 시간 느려지는 시간대로의 이동에서 전혀 불편 없이 새로운 시간대를 맞게 된다. 단순히 계산해서 세 시간 느린 서쪽으로 이동하면 지구인은 사흘 만에 시차를 맞출 수 있을 것이다. 문제는 동쪽으로의 이동이다. 동쪽으로 한 시간대를 이동하면 일주기는 짧게 전환되어야 한다. 그래서일까, 일반적으로 여행은 서쪽으로 하는 게 정설이다. 그래야 덜 고통스럽다고 한다. 여하튼 최소한 한쪽 방향으로라도 쉽게 적응할 수 있음이 다행일지 모르겠다.

지구인의 일주기가 25시간인 것은 왜 아침에 일어나기 힘든가를 설명하는 이유이기도 하다. 매일 자고 일어나도 시간이 모자란 듯하다. 일주기가 한 시간 더 자기를 원하니까.

지구인의 일주기는 성장 과정에서 변한다. 신생아 지구인은 일주기가 안정적이지 않아 언제든지 자고 깰 수 있다. 그러다 성장하면서 제각각의 생체 시계는 점차 서로 조화롭게 일치할 수 있도록 훈련된다. 성장기의 지구인에게 규칙적으로 자고 일어나는 일이 중요한 이유다. 습관화가 잘 된 일주기 훈련은 지구인이 성인이 되었을 때 일주기의 혼란 없이 생활할 수 있게 하는 중요한 준비다. 지구인은 늙으면서 일주기가 짧아진다. 그래서 아침 일찍 일어나는 게 아닐까 싶다.

지구인의 몸속에 생물학적 시계가 있고, 그 시계가 서로 조율되며, 그 주기가 25시간인 것은 우연이 아닐 수 있다. 그것이 밤과 낮의 길이, 시간대의 이동, 태어남과 노화 등으로 인한 수면이나 활동 같은 생리적 요구를 모두 수용해야만 하기 때문이다. 한마디로 변화하는 환경과 조건에 생체 시계가 바로바로 대응할 수 있도록 하기 위함이다. 지금 이 순간에도 지구인의 생체 시계는 멈추어 있지 않고 시차 적응 중이다. 매일 시차 적응이 잘 되도록 도와야 한다.

05

음식

"

지구인은 잡식 동물이다.
지구인의 음식은 지구 환경에 따라 바뀌었다.
지구인은 어떻게 음식에 적응해 왔을까?
과연 지구인에게 좋은 음식이 따로 있을까?

"

지구인은 거의 모든 것을 먹을 수 있다!

산낙지는 한국에서 먹는 음식 중 외국인이 가장 신기해하는 음식이라고 한다. 한국에서만 낙지를 산 채로 먹는지는 잘 모르겠지만, 산낙지를 입에 넣고 오물오물 씹어 먹는 모습이 매우 기이해 보이나 보다. 번데기도 그렇단다. 사실 한국만이 아니다. 세계를 여행하는 여행 유튜버의 영상을 보면 참 기이한 음식이 많다. 전 세계의 음식을 보면 지구인은 정말 못 먹는 게 없구나 싶을 정도다.

지구인은 어떤 것을 음식이라고 하는가? 먹을 수 있는 것과 없는 것이 따로 있을까? 왜 하필 지금 먹고 있는 것을 음식으로 알고 먹고 있을까?

지구인은 거의 모든 것을 먹는다. 독이 있다거나 개인적으로 알레르기가 있지 않다면 말이다. 지구인은 잡식성이다. 배추 같은 식물도, 닭고기 같은 동물도 먹는다. 동물이 만든 젖도 먹는다. 버섯 같은 곰팡이도 먹는다. 식물도 줄기, 잎, 열매, 뿌리까지 모두 먹는다. 지구인은 자연 상태 그대로 먹기도 하지만, 굽거나 끓이거나 익혀서 먹기도 한다. 필요하다면 말렸다가 먹고, 절이거나 발효시켜 먹기도 한다. 먹거리의 종류나 방법으로 친다면 그 어떤 지구상의 동물도 지구인만큼 다양할 수 없다.

그렇다면 어떻게 지구인은 거의 모든 것을 먹을 수 있게 되었을까? 이 질문의 답은 먹거리를 찾는 과정부터 살펴야 한다. 사실 지구인은 먹고 싶어 그것을 먹거리로 택한 것이 아니라 그것을 먹어야 살 수 있었기 때문에 음식으로 삼았다. 이 과정에서 거의 모든 것이 음식이 되었다. 지금까지 지구인에게 이 전략은 매우 성공적이었다. 특히 도구를 사용하고 먹거리를 가공하고 조리하고 저장할 수 있게 된 후부터 더욱 그러했다. 먹거리 종류가 많아지고, 먹는 방법이 다양화하면서 지구인은 아마도 지금의 지구인이 될 수 있었을 것이다.

고고인류학자들은 지구인의 진화 역사를 음식의 진화 역사로 설명하기도 한다. 선후로 따지자면 음식이 지구인의 진화를 유도했다고 볼 수 있다. 지구인의 조상에게 음식이란 주위에서 풍부하게 얻을 수 있는 것이어야 했다. 만약 먹고 있던 것이 점차 사라졌다면 그것은 더는 즐겨 찾을 수 있는 음식이 아니었다. 그

대신 쉽게 얻을 수 있는 또 다른 먹거리를 찾아야 했을 것이고, 그것이 다시 음식이 되었다.

그렇다고 새롭고 풍부한 먹거리가 바로 음식이 될 수는 없었다. 먹은 후 소화되고 흡수되어야 비로소 음식으로서 가치가 있기 때문이다. 음식에 대한 지구인의 진화가 놀라운 것은 새로운 먹거리를 진정한 음식으로 만들기 위해 기필코 그것을 소화할 수 있는 능력을 획득해 냈다는 점이다. 이러한 능력은 지구인의 진화 과정에서 추론할 수 있다.

지구의 생태와 먹거리를 잠시 들여다보자. 지구인의 조상인 유인원은 나무와 숲으로 이루어진 정글에서 살았다. 과일과 씨앗, 나뭇잎 등과 같은 식물성 먹거리를 주로 먹었다. 그런데 지구의 따스하고 습한 기후가 덥고 건조한 기후로 바뀌었다. 기후의 변화는 정글을 초원으로 바꾸었다. 지금으로부터 약 400만 년에서 100만 년 전, 지구인은 정글을 떠나 초원의 환경에 적응하고 살아가야 했다.

초원에는 정글에서 먹던 음식이 더는 없었다. 초원에서는 무엇이든 먹어야 했으며, 사냥도 해야 했다. 사냥하기 위해 먼 거리를 이동했다. 먹거리는 항상 거기 있지 않았고 찾아다녀야 했다. 먹거리의 공급은 늘 불안정했다. 사냥한 고기를 먹으려면 강한 치아가 필요했다. 초원으로 나온 지구인의 조상은 약 250만 년 전부터 본격적으로 육식을 한 것으로 추정된다. 육식은 고열량이었고, 많은 양의 단백질을 단번에 섭취할 수 있게 해 주었다. 더불어 지구인의 소화 시간도 길어지기 시작했다.

지구인은 약 150만 년에서 80만 년 전 사이에 불을 사용하기 시작했다. 불로 먹거리를 익히거나 조리했다. 조리한 음식은 씹기 좋았고 소화와 흡수도 빨랐다. 단백질을 많이 먹고 빠르게 소화할 수 있던 덕에 지구인의 뇌는 커졌다. 소화를 위한 장은 더는 크고 길 필요가 없었다. 익힌 음식이 부드러워 강하게 씹을 일도 적어지니 치아도 작아졌다.

과학자들은 치아를 이용해서 지구인의 조상이 무엇을 먹었는지 연구한다. 치아는 인체 구조물 중에 가장 단단해서 현재까지 화석으로 남아 전해지기도 한다. 유인원의 치아 구조와 배열로 지구인 조상의 먹거리와 습관을 유추할 수 있다. 예를 들어, 크고 뾰족한 어금니는 육식의 증거다. 반대로 치아의 씹는 면이 편평하다는 것은 식물성 음식을 치아로 갈았다는 증거다.

지구인은 음식을 안정적으로 얻을 방법도 찾았다. 약 1만 2000년 전부터 지구인은 농경과 목축을 시작했으며, 재배한 식물을 저장했다가 먹기도 했다. 이로써 지구인은 사냥으로 얻은 고기 단백질 식단에서 자신들이 재배한 식물의 탄수화물 식단으로 옮겨 갔다.

지구인의 진화에서 먹거리와 그것의 취득 방식을 살펴보면 지구인이 자연환경과 생태에 순응할 수밖에 없었음을 알게 된다. 즉 지구인의 먹거리는 환경의 변화와 생태에 따라 자연적으로 변할 수밖에 없었다. 지구인에게 좋은 음식과 나쁜 음식이 따로 있었던 것이 아니라, 얻을 수 있고 먹을 수 있고 소화할 수 있다면 그 무엇이든 음식이었다.

장내 미생물이 지구인의 음식을 결정한다!

먹거리가 음식이 되려면 그 먹거리가 몸 안에서 소화되고 흡수되는 과정이 필요하다. 그러니 음식이란 먹으면 소화되는 것이어야 한다. 그래서 먹지 못했던 먹거리가 먹을 수 있는 음식이 되었다는 것은 몸이 그것을 소화하는 능력을 얻었다는 의미다. 지구인도 그랬다. 처음부터 먹을 수 있었던 것이라기보다 먹거리에 적응해서 몸이 소화 능력을 갖추게 되었다. 대표적인 것이 우유다.

지구인은 성장을 멈추고도 우유를 먹는다. 포유류는 태어나면서 모두 어미의 젖을 먹는다. 그런데 성장 후에도 우유를 마시는 포유류는 지구인밖에 없다. 지구인을 제외한 모든 포유류는 성장하면서 젖을 소화할 수 있는 효소가 없어진다. 지구인만 젖에 포함된 당을 분해할 수 있는 효소를 성인이 되어서도 갖고 있다. 여기에 대단한 사실이 숨어 있다. 지구인도 다른 포유류와 같이 유아기를 지나면서 젖을 분해할 효소를 잃었다. 그런데 목축을 시작하면서 이 효소가 그대로 남게 되었다. 목축으로 얻은 우유를 소화하기 위해 지구인이 자신의 소화 기능을 바꾼 것이다.

음식은 소화되어야 의미가 있다. 즉 소화될 수 있어야 비로소 음식이다. 그렇다면 소화란 무엇인가? 또 무엇이 소화를 가능케 할까? 소화란 먹은 것이 최소한의 화학적 단위로 잘게 분해되는 과정이다. 소화 과정에는 특정한 화학적 물질이 필요하다. 바로 효소다. 특정한 음식을 분해하려면 특정한 효소가 필요하다. 그러니 효소가 음식을 결정하는 셈이다. 우유를 소화할 수 있는 능력은 그것을 분해할 수 있는 효소를 가졌느냐 아니냐에 달렸다.

지구인은 가능한 한 많은 것을 음식으로 먹기 위해 다양한 효소를 확보했다. 어떤 효소는 몸 안에서 만들어지고, 어떤 효소는 먹어서 얻는다. 또 효소는 종류에 따라 많기도 적기도 하다. 특히 지구인은 음식의 소화를 돕는 효소를 주로 장내 미생물에서 얻는다. 그래서 장내 미생물의 종류와 양에 따라 지구인의 소화 능력이 결정된다.

정글에 살았던 유인원은 주로 식물성 음식을 분해할 수 있는 다양한 효소를 가졌을 것이다. 초원에서 살던 지구인은 주로 동물성 음식을 분해할 수 있는 효소를 많이 가졌을 것이다. 더불어 지구인 조상의 장내에 있는 미생물의 종류와 양도 변화했을 것이고, 이에 따라 음식의 종류와 양도 바뀌었을 것이다. 과학자들은 장내 미생물을 건강하게 유지하는 것이 건강을 돕는 방법이라고 말한다. 다양한 음식과 신선한 음식을 먹는 것이 왜 중요한지 그 이유가 여기 있다.

건강에 좋은 음식이 따로 있다?

지구인은 건강한 음식에 관해 이야기를 많이 한다. 이것은 어디에 좋고, 이것은 얼마나 먹어야 하고, 이것은 가능한 한 피하고 등등. 그런데 과연 무엇이 건강한 음식일까? 건강한 음식이 따로 있을까?

건강한 음식, 좋은 음식을 정의하기는 쉽지 않다. 그러나 생물적 관점에서 보면 건강한 음식과 좋은 음식은 따로 없다. 마찬가지로 나쁜 음식도 없다.

지구인의 음식 역사에서 보았듯이, 음식이란 지구인이 섭취하고 소화하고 흡수할 수 있는가에 따라 결정된다. 그리고 그 먹거리가 음식으로서 얼마나 익숙한 것인지도 따져 봐야 한다. 이때 그 음식을 먹은 지구인이 가진 효소를 생각하지 않을 수 없다. 익숙한 음식과 그렇지 않은 음식이 지구인에게 어떠한 영향을 미쳤는지 한번 알아보자.

그린란드 서쪽 해안에 사는 우마나크(Umanak)족은 전통적으로 사냥과 낚시로 생계를 꾸려 왔다. 주식은 당연히 물개나 고래와 같은 육류와 생선이 전부였다. 채소와 과일은 거의 없었다. 영양학적으로 우마나크족의 식단은 전혀 균형 잡힌 것이 아니었다. 과다한 육류의 섭취가 건강을 해칠 것이라 예상하기 어렵지 않았다. 그러나 그들의 건강은 예상 밖이었다. 그들에게는 심장 질환이나 당뇨병, 혈관 질환 같은 성인 질환이 거의 없었다. 무슨 뜻일까?

이 사례는 1970년대 말에 진행된 연구의 결과다. 이 연구가 진행되고 얼마 안 되어 우마나크족은 서양인이 먹는 제조된 음식을 먹기 시작했다. 이후 우마나크족은 서양인과 같은 질병을 앓기 시작했다고 한다.

결과적으로 건강을 위해 균형 잡힌 식단을 유지하는 것, 건강을 위해 과다한 육식을 피하는 것 등등 음식과 영양에 대한 상식과 지식은 그들에게 통하지 않았다. 오히려 서양의 음식이 그들의 건강을 위협했다. 이 사례는 건강을 위해서 무엇을 먹는지도 중요하지만, 어떤 음식에 적응되었는지도 살펴야 할 중요한 사실임을 알려 준다.

건강한 음식을 규정하기도 찾기도 어렵다. 건강한 음식은 다양한 방식과 방법으로 찾을 수 있다. 명심할 것은 지구인의 음식 역사다. 특정한 영양소나 먹거리가 다른 것들에 비해 우수하거나 저급하지 않다. 무엇을 먹기보다 무엇을 어떻게 먹는지가 더 중요할 수 있다. 좋은 음식이라고 치부되는 것이 갑자기 몸을 건강하게 만들 수 없는 이유다.

음식은 가리지 말아야 한다!

지구인의 몸에 있는 효소와 장내 미생물에 익숙한 음식이라면 건강한 음식이 아닐까? 자주 먹고, 소화 잘되는 익숙한 것이 지구인에게 맞는 음식 아닐까? 건강한 음식의 선택도 중요하지만, 건강하게 먹는 것이 더 중요할 수 있기 때문이다. 과연 어떻게 먹는 것이 건강하게 먹는 것일까? 지구인의 진화와 생물학적 입장에서 풀어 보자.

먼저, 지구인의 몸이 필요로 하는 영양소를 골고루 얻을 수 있어야 한다. 지구인은 잡식성이다. 식물성과 동물성 음식 모두를 먹을 수 있다. 그러니 둘 다 먹는 것이 좋다. 채식만으로 충족되지 못하는 영양소가 있는가 하면, 육류만으로 충당되지 못하는 영양소도 있다.

둘째, 다양한 영양소와 음식을 섭취하는 것이다. 식물성과 동물성을 골고루 먹는다면 쉽게 가능해지는 일이다. 그러나 다양한 음식은 먹거리의 종류와 가짓수를 뜻하기도 한다. 단백질이라도 식물성과 동물성을 고르게 섭취하는 것이 필요하다. 균형 잡힌 식단이란 단지 화학적 영양 요소만을 말하지 않는다. 영양소의 출처까지도 확장할 필요가 있다.

셋째, 가장 중요한 것인데 고농도의 정제 음식은 가능하면 피하는 것이 좋다. 설탕과 소금이 대표적이다. 고열량의 음식도 가능하면 피하고, 출처가 불분명한 첨가제가 많이 든 음식도 피해야 한다. 이러한 먹거리는 최근 약 100년 이내에 등장했으며, 지구인은 이러한 먹거리에 전혀 익숙하지 않다. 자연에서 바로 나온 먹거리가 정제되거나 고농도이거나 고열량일 수 없기 때문이다.

넷째, 가능하면 자연에서 만들어진 상태를 최대한 유지하는 음식을 먹어야 한다. 가공 공장에서 무엇으로 어떻게 만들어졌는지 모르는 음식을 피하라는 말이다. 구체적으로 지적하면, 과자는 되도록 먹지 않는 게 좋다.

지구인은 어렵사리 음식을 얻었고, 그 음식으로부터 최대한의 에너지와 영양소를 끌어냈다. 그리고 이렇게 끌어낸 에너지를 지구인은 최대한 절약하고 효율적으로 사용했다. 음식과 소화와 관련한 지구인의 진화 역사를 통틀어 지금처럼 많은 양의 정제되고 제조된 음식을 먹은 적이 없다. 이 음식들은 이전의 지구인이 먹어 오던 음식과 완전히 다르다. 쉽게 구할 수 있고, 빠르게 먹고, 빠르게 소화·흡수된다. 그러나 불행하게도 지구인은 이러한 빠름에 익숙한 몸이 아니다. 지구인은 여전히 새로운 음식에 적응하지 못한 상태다.

자연환경의 변화에 따라 결정되었던 지구인의 음식은 이제 기술에 의해 바뀌고 있다. 이러한 변화는 지구인이 지금껏 경험하지 못한 것이다. 그러나 언제나 그랬듯이 지구인은 또 다른 방식으로 건강한 음식을 선택하고, 그것에 적응하는 과정을 계속할 것이다.

06

도시

"

도시는 지구인이 만든 새로운 환경이다.
현재 지구인은 대부분 도시에서 살고 있다.
그렇다면 지구인은 도시에 완전히 적응했을까?
지구인을 위한 도시는 어떻게 만들어야 할까?

"

허파는 미세먼지를 만난 적이 없었다!

미세먼지가 극성이다. 전 지구적 기후변화와 지구인의 활동이 만들어 낸 결과다. 문제는 갈수록 심해지고, 지구인의 건강을 해친다는 것이다. 미세먼지는 지구인이 숨을 쉴 때 허파로 들어올 수 있다. 과연 지구인의 허파는 미세먼지와 싸워서 이길 수 있을까?

지구인은 숨을 쉰다. '숨을 쉰다'는 것은 공기를 들이쉬고 내쉼을 말한다. 숨쉬기는 허파가 담당한다. 실제로 허파는 산소를 몸에 공급하고 이산화탄소를 몸에서 제거하는 기능을 수행한다. 허파는 공기 중의 산소가 혈액 속의 헤모글로빈과 만날 수 있도록 한다. 공기와 혈액이 만나게 하는 것, 이게 허파가 하는 일이다.

허파에서 공기가 혈액과 만나는 면적은 매우 넓다. 성인을 기준으로 대략 100제곱미터에 달한다. 이것은 테니스 코트로 따지면 한쪽 면, 즉 절반 정도에 해당한다. 보통 숨을 한 번 들이쉴 때 약 500밀리리터의 공기가 허파로 들어간다. 500밀리리터짜리 생수 한 병 분량이다. 그러니 이론상으로는 숨을 한 번 들이쉬면 테니스 코트 반의 면적에 500밀리리터의 공기가 얇게 퍼지는 형국이다. 이 면적에서 산소와 이산화탄소가 교환된다.

허파에서 혈액과 공기가 만나고 산소와 이산화탄소가 교환되려면 일단 그 만나는 곳까지 공기가 들어가야 한다. 먼저 공기는 입과 코를 통해 목구멍을 지나 기도로 들어간다. 기도는 좌우 허파로 나뉘어 들어가고, 양쪽 허파에서 계속 작게 나뉘어 가지치기한다. 가지치기된 기도는 아주 작은 통로를 형성하면서 허파꽈리(폐포)까지 도달한다. 공기가 도달할 수 있는 마지막 장소인 그곳에서 드디어 공기와 혈액이 만난다. 이제 산소와 이산화탄소가 교환될 수 있다.

그런데 공기가 입과 코부터 허파꽈리까지 이동하면서 문제가 발생한다. 숨쉬기로 허파에 들어간 공기는 순수한 공기가 아니기 때문이다. 지구인이 숨 쉰 공기에는 흙먼지, 곰팡이, 꽃가루 등은 물론이고, 공기에 떠다니는 작은 세균도 포함되어 있다. 허파는 이런 원치 않는 물질이 제거된 상태의 공기를 원한다. 그래서 그러한 기능을 장착한 곳이 작동한다.

먼저 코털이 움직인다. 코털은 먼지를 거른다. 코에서 걸러진

먼지는 덩어리져 코딱지를 만들거나, 콧물을 통해 코 밖으로 배출된다. 다음은 코와 입 표면의 점액이다. 점액은 공기 중의 이물질이 코나 입을 지나면서 벽에 달라붙게 하여 녹게 만든다. 코와 입안의 점액은 세균을 걸러 죽이기도 한다. 이러한 방식으로 지구인은 공기에 포함된 이물질을 거르고 제거했다. 가장 최근까지는.

지구인은 약 100년 전부터 그때까지 알지 못했던 것을 몸으로 경험하고 있다. 바로 오염된 공기다. 오염된 공기에는 기체는 물론 여러 가지 알갱이 물질이 포함되어 있는데, 이것들이 더욱 다양해지고 때론 더욱 독해져서 지구인의 건강을 위협하기도 한다. 불행하게도 지구인의 몸은 이것들에 대응하는 방법을 모른다. 사실 나쁠지도 모를 이러한 물질을 감지할 수 있는 기능도 거의 없다. 원치 않는 기체와 알갱이 대부분은 눈으로 볼 수 있거나, 색깔이 있거나, 냄새를 맡을 수 있는 것이 아니기 때문이다. 감지할 수 없으니 대응도 불가능하다.

지구인에게는 허파로 들어오는 공기를 거르는 기능이 있을 뿐, 감지하는 기능은 없다. 지구인은 오염된 공기 속에서 호흡해야 하는 어려운 상황에 직면해 있다.

미세먼지가 많을 때 운동하면 지구인에게 해로울까?

미세먼지는 화산 폭발이나 산불 등과 같은 크고 작은 자연현상으로 만들어질 수도 있다. 물론 이런 자연현상이 일상적이지는 않다. 미세먼지는 지구인의 활동으로도 만들어진다. 농사나 화석연료 사용이 대표적이다. 사실상 지구를 떠도는 대부분의 미세먼지는 지구인 활동의 결과물이다. 미세먼지는 공장의 굴뚝에서 나는 연기에도 있을 뿐만 아니라 집에서도 만들어진다.

흔히 건강을 위해 규칙적으로 운동하라고 한다. 운동은 육체뿐만 아니라 정신 건강과 사회적 건강에도 많은 도움이 된다고 한다. 그런데 미세먼지의 농도가 높은 날에는 운동을 삼가고 실내에 머물러 있으라고 한다. 오히려 운동이 건강을 더 해칠 수 있다면서. 과연 그럴까? 미세먼지 농도가 높은 날에 운동하면 건강을 해칠까?

운동은 지구인 몸의 대사량을 높인다. 근육이 움직이려면 에너지가 필요하고, 에너지를 만들기 위해서는 산소가 필요하다. 산소는 숨 쉴 때 허파를 통해 몸으로 들어온다. 산소가 더 필요하면 숨이 가빠진다. 운동할 때 숨을 가쁘게 몰아쉬는 이유다.

그런데 숨을 더 많이 쉬다 보면 원하지 않는, 대표적 예로 미세먼지와 같은 물질을 몸 안으로 더 많이 끌어들이게 된다. 건강해지고자 하는 운동인데 미세먼지를 더 많이 마심으로써 건강을 해치는 일이 벌어지는 것이다. 힘든 운동일수록 더욱 그렇다. 단순 계산으로 미세먼지 농도가 평소보다 두 배 높아지고, 가만히 앉아 있을 때와 비교해 운동으로 호흡이 세 배 정도 늘어난다면 결과적으로 여섯 배의 미세먼지를 마시는 셈이다. 딜레마가 아닐 수 없다.

운동은 해야겠고 밖에서는 하지 말라니 대안이 필요하다. 그래서 생각해 낸 대안이 실내운동이다. 창문을 닫고 공기 정화기를 가동한 다음 실내에서 운동하면 그나마 좀 낫지 않을까 하는 생각에서다. 과연 그럴까?

연구에 의하면 실내 체육시설이나 스포츠센터의 공기가 바깥보다 깨끗하다는 보장은 없다. 오히려 실내 시설에 바깥보다 더 많은 미세먼지가 있을지도 모른다. 운동 장비나 활동이 더 많은 미세먼지를 만들어 낼 수 있기 때문이다. 게다가 공기 정화 장치를 사용한다고 하더라도 실내 체육시설의 미세먼지 농도는 바깥의 미세먼지 농도가 높은지 낮은지에 따라 결정되기도 한다. 심지어 문을 닫고 실내에서 운동하는 것이 바깥에서 운동하는 것보다 너 안 좋을 수 있다는 연구 결과도 있다.

지구인은 기온이 오르내리는 온도 변화를 하루에도 몇 번씩 경험했고, 그러기에 온도 변화에 대응하는 능력이 발달할 수 있었다. 그런데 지난 한 세기 동안 과학과 기술의 발달은 산업화를 가속하고 지구인이 숨 쉬는 대기에 많은 오염물질을 방출했다. 불행인지 다행인지 지구인의 진화 과정에서 오염된 공기를 마신 적은 한 번도 없었다. 그래서 오염된 공기에 적응할 기회도 없었다.

지금까지 진행된 연구들은 지구인이 오염된 공기를 마셨을 때 어떤 반응을 보이는지, 공해물질이 지구인에게 어떤 영향을 미치는지 등이 전부라고 할 수 있다. 공해에 대한 지구인의 적응을 연구한 적은 없었다. 다만 지금까지의 연구에 근거하여 공기 오염이 지구인에게 미치는 영향을 한마디로 요약한다면, 공해물질이 지구인에게 주는 긍정적 효과는 하나도 없다는 사실이다. 그러니 여기서는 궁여지책으로 공해에 대한 지구인의 태도와 대책을 살펴보고자 한다.

무엇보다도 화석연료의 사용과 지구온난화의 가속 그리고

공기오염의 가중이 서로 연결된 고리임을 인식해야 한다. 그 고리는 이렇다. 화석연료의 연소로 만들어진 공해물질은 태양열을 잡아 가두는 역할을 한다. 이로 인해 지구는 더 뜨거워진다. 더워진 지구는 또 다른 유형의 미세먼지를 만들어 낸다. 예를 들어, 지구온난화로 인해 대홍수와 같은 기상이변과 급격한 날씨 변화가 발생하고, 습기는 더 많은 곰팡이가 번식하게 한다. 또 날씨가 따스해지면서 꽃가루 계절이 길어지고 꽃가루는 더 많이 만들어진다. 한마디로 자동차, 공장, 발전소 등에서 화석연료의 사용을 줄인다는 것은 궁극적으로 지구인의 건강에 유리한 환경을 만드는 것을 의미한다.

이제, 미세먼지 환경에서 어떻게 운동할 것인지 알아보자.

첫째, 미세먼지 농도가 높으면 아예 운동을 포기하는 것이 현명하다. 연구에 의하면 미세먼지 농도가 낮을 때는 그나마 운동하는 것이 건강에 긍정적으로 작용하지만, 미세먼지 농도가 높다면 오히려 해가 더 크다고 한다.

둘째, 운동한다면 낮은 강도의 운동을 선택한다. 과다하게 숨을 헐떡거리지 않으면서 운동 효과를 얻자는 것이다. 힘든 운동을 할 때 코와 입을 모두 벌리고 숨을 쉬는데, 쉬운 운동이라면 입을 벌리지 않고 코로만 호흡할 수 있다. 이렇게 해서 그나마 코를 통해 미세먼지를 거르자는 것이다.

셋째, 장시간이 아니라 비교적 짧은 시간 동안 운동한다. 오염된 공기에서 운동할 때의 이득과 오염물질로 인한 폐해를 따져보면 장시간보다는 단시간의 운동이 낫다.

마지막으로, 마스크와 같은 공기 여과 장치나 용품을 사용한다. 다만 그 기능과 종류가 너무 다양하니 일일이 언급하지는 않겠다. 앞으로도 이러한 용품의 사용성에 대한 더 많은 연구가 진행되고 실용적인 제품들이 많이 나왔으면 좋겠다.

도시가 그랬어!

지구인은 대부분 도시에서 산다. 도시는 수많은 콘크리트 건물로 가득하다. 학교도 직장도 집도 어디든 콘크리트 구조물이다. 지구인은 밤낮없이 모두 바쁘다. 하루 동안 흙바닥을 밟을 일도 별로 없다. 이것이 도시다.

지구인은 자연에 적응해 왔다. 지구인에게 자연은 대응의 대상이었고, 타협의 대상이었으며, 적응과 싸움의 대상이었다. 늘 자연이 지구인을 지배했고 변화를 유도했다. 최근까지는 그랬다. 현재 지구인은 새로운 환경과 대적하고 있다. 바로 도시다.

도시는 지구인의 밀집 생활을 가능하게 하고 편리와 안전을 도모하며, 지구인의 기능과 능률을 최상으로 끌어올린다. 아니 그렇게 만들어진다. 도시는 지구인의 문명과 문화의 결과물이자 지구인을 자극하는 환경이기도 하다. 이제 지구인은 지구인이 만든 환경인 도시에 적응하도록 요구받는다. 과연 도시는 지구인에게 어떤 영향을 미치고 있을까? 그리고 지구인은 도시에서 어떻게 적응하며 살아갈 수 있을까?

도시는 지구인의 역사에서 매우 최근의 짧은 시간 동안 만들어졌다. 도시의 출현은 8,000년 전쯤으로 추정된다. 현생 인류의 출현을 약 15만 년 전으로 가정한다면, 도시의 역사는 현생 인류 역사의 마지막 20분의 1 사이에 시작되었다. 20세기에 들어서기 전까지만 해도 지구인 대부분은 도시에서 살지 않았다. 지금부터 약 220년 전인 1800년까지만 해도 세계 인구의 약 5퍼센트만 1만 명 이상 규모의 도시에 살았다. 그런데 지금은 세계 인구의 반 이상이 도시에 거주하고 있다. 한국과 같이 산업화한 나라는 그 비율이 훨씬 더 높다. 도시로의 인구 집중과 도시화는 점점 더 빠르게 진행되고 있다.

도시가 문명의 발달에 지대한 역할을 했지만, 도시는 지구인이 진화 과정에서 알지 못했던 것을 경험하게 했다. 도시에 사는 지구인은 움직이지 않는다. 아니, 도시가 움직이지 않아도 되게끔 만든다. '움직이지 않는 지구인', 어떻게 해서 그리됐을까?

여러 가지 이유가 있다. 먼저, 도시에서 직장은 대체로 과다한 육체적 노동을 요구하지 않는다. 컴퓨터 앞에 앉아서 할 수 있는 일이 많다. 이것은 직업의 속성과도 연관된다. 현대 사회는 육체적 노동보다 정신적 노동을 더 요구하기 때문이다. 자동차와 대중교통도 이유로 꼽을 수 있다. 또 멀리 이동하지 않고도 필요한 것들을 구할 수 있도록 도시의 공간이 구성되었다. 유통과 저장 기술은 안정적이고 편리한 음식을 제공하며, 음식을 준비하고 먹는 데도 많은 시간이 필요치 않게 되었다. 도시는 총체적으로 지구인이 거의 활동하지 않아도 되는 장소와 환경이 되었다.

그런데 정작 지구인은 '움직이지 않는' 모습을 원했을까? 지구인은 움직이지 않고서도 괜찮을까? 그렇지 않다. 지구인은 움직이면서 진화한 동물이기에 계속해서 움직여야 한다. 어떻게 해야 할까?

지구인에게는 많이 움직일 수 있는 도시가 필요하다!

실제로 지구인이 덜 움직이는지 알아봐야겠다. 정말이다. 현대의 지구인은 덜 움직인다. 지난 약 100년간 지구인 어린이의 활동량을 연구해 보니, 그들의 에너지 소비량이 줄었다고 한다. 교통수단의 발달과 텔레비전 시청이 그 이유라고 한다. 학교를 걸어 다니기보다 차량을 이용했고, 더 많은 시간 동안 집에 머물러 있었기 때문이란다. 지금으로 따지면 스마트폰이나 컴퓨터 앞에 앉아 있는 것과 같다.

현대 문명과 기술에 영향을 덜 받은 문화권의 지구인은 어떨까? 도시가 덜 발달하고 여전히 과거의 생활 습관을 유지하는 아프리카의 한 부족을 보자. 하드자족 여인들은 아이를 안고 들고 하루 9~15킬로미터 정도 걷고, 약 3~4시간 동안 땅을 판다고 한다. 그들이 이렇게 많이 움직이는 이유는 이동하면서 먹거리를 구하기 때문으로 추정된다. 어린아이들 또한 놀이를 위해 많이 움직였다.

도시에서 활동이 줄어드는 또 다른 이유는 일상에서 움직이는 시간이 따로 분리된 탓이 크다. 예전에는 일상이 노동이었고 노동이 직업이자 삶이었다면, 도시와 현대 기술 문화는 노동을 적게 요구한다. 그래서 줄어든 노동만큼 대신 시간을 내어 육체적 활동에 참여한다는 것이다.

지구인이 의무적이거나 필수적이지 않다면 움직이는 것을 피하는 것도 도시에서 활동이 줄어드는 이유 중 하나다. 하드자족도 마찬가지여서 꼭 움직여야 하는 것이 아니라면 모든 시간을 휴식을 취하며 보낸다고 한다. 휴식으로 에너지를 비축하여 성장과 생식에 사용한다는 것이다. 그러니 꼭 움직여야 하는 것이 아니라면 지구인은 쉬는 것을 더 필요로 하고 좋아한다. 움직이기 싫어하는 유전자가 지구인에게 있는 것이 분명하다. 계단보다 에스컬레이터 앞에 줄을 서는 이유이기도 하다.

활동량이 줄고, 일상에서 육체 활동이 사라지고, 가능하면 움직이지 않으려는 것이 현재를 사는 전체 지구인의 상황이라면 도시에 사는 지구인이 움직이려고 하지 않는 것이 당연한 일 아닐까? 혹시 도시에 사는 지구인을 움직이게 하는 방법은 없을까?

먼저 지금까지 사용했던 방법부터 평가해 보자. 운동의 좋은 점을 홍보하고 교육하고 권장함으로써 지구인이 활발하게 움직이도록 했는지 말이다. 결과는 그리 긍정적이지 않다. 운동이 좋은 것이라고 알렸음에도 지구인의 운동 참여율은 일정 수준에서 거의 증가하지 않는다. 운동하는 지구인은 계속하지만, 운동하지 않는 지구인은 교육과 권장만으로 끌어들이기 어렵다. 개인의 결심과 노력에 의존해 많이 움직이고 운동에 참여하라고 하는 것은 더는 효과를 기대하기 힘들다.

그렇다면 일상에서 할 수 있는 다양한 활동을 늘리는 것은 어떨까? 이를 비정형적 활동이라고 하는데, 예를 들어 자전거길을 많이 만들거나, 일상의 도시 공간에서 이동하는 동선을 연장하여 무의식적으로 지구인의 활동량을 증대하는 방법이다. 걷기는 또 어떨까?

걷기와 자전거 타기는 도시에서 지구인의 활동을 높이는 좋은 수단이다. 이 두 가지 형태의 활동에는 특별한 장점이 있다. 먼저 걷기와 자전거 타기는 누구나 할 수 있다. 힘이 덜 들어서 하기에 어렵지도 않고, 자주 할 수도 있다. 시작하기가 쉬울 뿐만 아니라 계속하거나 중단하는 것도 자유롭고 편하다. 천천히 할 수도 빠르고 강하게 할 수도 있다. 한가한 시간이나 바쁜 시간 모두 활용할 수 있다. 시간과 비용도 많이 들지 않으며, 언제 어디서나 할 수 있다. 분명히 걷기와 자전거 타기는 도시에서 지구인을 더 많이 움직이도록 하는 방법이다. 물론 생각해 보면 훨씬 더 많을 것이다.

도시가 움직이지 않으려는 지구인의 속성에 맞추어 설계되고, 기술과 문명은 지구인을 점점 더 움직이지 않게 하지만 그래도 지구인은 계속 움직여야 한다. 그리고 지구인이 더 많이 움직일 수 있도록 도시를 설계하고 구조화해야 한다. 움직이지 않는 지구인에게는 여러 가지 부작용이 나타날 것이 분명하기 때문이다. 지구인은 항상 움직이며 진화해 왔다.